安徽省绿色GDP与生态系统生产总值（GEP）核算研究

陈红枫　吴楠　王静雅 / 著

中国环境出版集团·北京

图书在版编目（CIP）数据

安徽省绿色 GDP 与生态系统生产总值（GEP）核算研究 / 陈红枫等著 . —北京：中国环境出版集团，2021.8

ISBN 978-7-5111-4852-0

Ⅰ. ①安… Ⅱ. ①陈… Ⅲ. ①环境经济—经济核算—研究—安徽 ②生态系—生产总值—经济核算—研究—安徽 Ⅳ. ① X196

中国版本图书馆 CIP 数据核字（2021）第 180631 号

出 版 人 武德凯
责任编辑 葛 莉
责任校对 任 丽
封面设计 彭 杉

出版发行 中国环境出版集团
（100062 北京市东城区广渠门内大街 16 号）
网 址：http：//www.cesp.com.cn.
电子邮箱：bjgl@cesp.com.cn.
联系电话：010-67112765（编辑管理部）
010-67112739（第二分社）
发行热线：010-67125803，010-67113405（传真）
印 刷 北京中科印刷有限公司
经 销 各地新华书店
版 次 2021 年 8 月第 1 版
印 次 2021 年 8 月第 1 次印刷
开 本 787 × 960 1/16
印 张 11.25
字 数 200 千字
定 价 78.00 元

前 言

人类活动带来的生态环境退化、生物多样性减少、气候变化等环境问题给人类社会发展带来挑战，需要国际社会共同努力应对。越来越多的国家认识到不考虑生态环境代价的社会经济增长是不可持续的，社会、经济、环境协调可持续发展是理性的选择。国内生产总值（gross domestic product，GDP）是一项通用的衡量经济增长的指标，但无法反映资源耗竭、环境污染造成的社会成本，也无法反映保护“绿水青山”的生态效益与社会效益，不能体现区域可持续发展水平，需要用更综合的指标体系来体现社会、经济、自然系统之间的互动。

20 世纪 80 年代末，一些国际组织和研究机构提出对传统国民经济核算体系加以改进，开始探索在国民经济核算中考虑自然资源损耗及生态环境退化的长期效应。联合国统计署开发的环境经济综合核算体系（system of environmental economic accounting，SEEA）不断演进，目前已形成了与国民经济核算体系接轨的国际统计标准。20 世纪 90 年代以来，专家学者开始关注生态系统服务价值评估研究，尝试将生态系统为人类提供产品和服务的效益纳入核算体系，并推动建立有利于生态保护的市场机制。

党的十八大报告将生态文明建设纳入中国特色社会主义建设“五位一体”总体布局，要求加强生态文明制度建设，把资源消耗、环境损害、生态效益纳入经济社会发展评价体系，建立体现生态文明要求的目标体系、考核办法和奖惩机制。2016 年环境保护部开展环境经济核算研究地方试点工作，选取四川省、安徽省、云南省、深圳市、昆明市、六安市 6 个省、市为试点地区，开展绿色 GDP 核算、生态系统生产总值（gross ecosystem product，GEP）核算、绿色转型政策研究。2018 年新组建的生态环境部持续支持国家生态环境资产核算试点和重点问题研究。

本书作者承担了安徽省生态环境经济核算试点研究任务，完成了 2014 年安徽省经环境污染治理成本和环境退化成本调整的绿色 GDP 核算，并对“十三五”期间安徽省环境和社会经济统计数据进行了汇总整理，开展了环境改善经济效益分析。2015—2018 年开展了安徽省大别山重点生态功能区（六安市）生态系统生产总值核算研究，积累了丰富的生态环境核算数据库，开发了相关的核算平台。感谢安徽省生态环境科学研究院孙雷、陈凝、程鹏、肖发宝等同事对部分研究内容的贡献。本书的试点研究得到了生态环境部环境规划院的资金支持，得到了蒋洪强研究员、於方研究员、马国霞研究员和吴文俊副研究员等专家学者的精心指导，特此表示由衷的感谢！

本书第 1 章分析环境经济核算与生态系统服务价值核算的理论基础；第 2 章回顾国内外相关研究进展；第 3 章建立安徽省绿色 GDP 核算和 GEP 核算的技术路线；第 4 章汇总 2014 年安徽省 16 个城市绿色 GDP 核算结果；第 5 章分析“十三五”期间安徽省环境质量改善成效及经济效益；第 6 章开展安徽省大别山重点生态功能区（六安市）2018 年 GEP 核算；第 7 章讨论 2015 年和 2018 年六安市 GEP 总量与构成的变化情况，探索推动安徽省大别山重点生态功能区生态产品价值实现的路径；第 8 章总结分析安徽省绿色 GDP 和 GEP 核算成果，围绕建立健全绿色 GDP 和 GEP 核算制度提出建议。

目录

第 1 章 ↘

绿色 GDP 与
生态系统生产总值（GEP）
核算理论

1.1 概念

1.1.1 绿色 GDP 核算

一个国家或者区域的生产与消费模式会对生态环境造成影响，自然资源耗竭会影响后代的发展机会，环境污染的外部性会造成社会成本增加。生态环境质量退化会造成相关产业生产损失和受影响人群的健康损失，全社会为了减缓这些损失需要增加环境污染防护性支出。以空气污染为例，酸雨污染会造成建筑物材料腐蚀，造成农作物减产损失；扬尘污染会增加建筑物、车辆和家庭清洁次数，造成清洁费用增加等；可吸入颗粒物（PM_{10}）和细颗粒物（$PM_{2.5}$）污染会带来人体健康风险，引起呼吸道疾病、心血管疾病、慢性支气管炎等疾病，造成健康损失。世界卫生组织（WHO）指出，2018 年全球有 9/10 的人口仍暴露在空气污染中，每年细颗粒物污染引起的心脏病、肺癌、慢性阻塞性肺病、呼吸感染等疾病造成约 700 万人死亡。据估计，2016 年环境空气污染造成约 420 万人过早死亡，其中约 30 万是 5 岁以下儿童[1]。传统国民经济核算未能有效反映这些社会成本，片面追求经济增长而忽视资源环境承载力会导致决策不利于实现可持续发展。

GDP 是国际上通用的衡量一个国家或地区经济实力和财富的指标。国内外众多研究从资源耗减、生态破坏、防护性支出和环境退化等多个方面对传统国民经济账户的总量指标进行环境调整，以反映社会经济发展决策带来的环境代价，让决策者逐步理解环境变化的核心驱动力，从而在决策过程中探索与环境保护相协调的可持续发展模式。但是关于绿色 GDP 核算尚未达成共识，也没有一致的方法[2,3]。

本书中绿色 GDP 核算是指在国民经济核算的基础上，结合环境成本核算对 GDP 进行调整。统计与经济活动相关的污染物排放、环境治理投入等指标，对行政区和不同产业部门的水、大气和固体废物污染排放的实物量，环境污染实际治理成本与虚拟治理成本，环境污染损害的社会成本进行全面核算，得出经环境成本调整的 GDP 核算结果。

1.1.2 生态系统生产总值（GEP）核算

生态系统是由地球上的动物、植物、微生物群落与非生命物质环境交互作用共同构成的具有一定功能的有机体。通常将生态系统服务功能划分为物质产品提供服务（如为人类提供食物、水、原材料等）、调节服务（如调节气候、洪水调蓄、水土保持、涵养水源、净化污染、病虫害生物防治、维护生物多样性等）、文化服务（如休闲娱乐、景观欣赏、精神享受等）和支持服务（如土壤形成、光合作用、营养物质循环等）[4, 5]。

生态系统服务价值包括直接使用价值、间接使用价值、选择价值和非使用价值四大类[4]，然而在实际生活中，人们往往只意识到生态系统为人类提供的粮食、原材料、生物资源、水资源等物质产品和休闲旅游等部分文化服务的直接使用价值，却忽视了水质与空气净化、水土保持、水源涵养、生物多样性维护、固碳、维持养分循环等生态系统调节服务、景观美学价值等文化服务，以及支持服务的间接使用价值、选择价值和非使用价值。生态系统调节服务的间接使用价值和非使用价值通常不会在一般经济市场中体现，其价值实现需要通过明晰产权、创建市场来给生态系统服务定价，以鼓励建立有利于生态系统保护的市场机制。

生态系统生产总值（GEP）是指一个区域内各种类型生态系统为人类提供物质产品、调节服务和文化服务的总价值[5]。由于生态系统支持服务的作用机理非常复杂，土壤形成、水循环、营养物质循环等对地球上生命起到至关重要支撑作用的服务，往往不会对人类活动产生直接使用价值，而是通过促进其他类型生态系统服务带来价值，因此未涵盖在GEP核算范围内。通过GEP核算，可以让人们了解生态系统为人类提供的服务价值，并为如何保障生态系统服务功能和如何实现生态产品价值提供指导思路。

1.2 理论基础

1.2.1 可持续发展

20 世纪 70 年代，追求经济增长带来的环境污染、生态退化和自然资源耗竭问题引发了关于增长是否有极限、是否可持续的讨论。1987 年，世界环境与发展委员会发布了报告《我们共同的未来》，首次提出了“可持续发展”，并将其定义为“既满足当代人的需求，又不危及后代人满足其需求能力的发展”。1992 年在里约热内卢召开的联合国环境与发展大会，再次强调可持续发展战略思想，通过了《里约环境与发展宣言》《21 世纪议程》《关于森林问题的原则声明》等文件，提出《联合国气候变化框架公约》《生物多样性公约》等[6]。

一些专家与国际机构从以下不同的角度定义可持续发展：

——可持续的生态系统承载力。1991 年，世界自然保护同盟（IUCN）、联合国环境规划署（UNEP）和世界野生生物基金会（WWF）共同发表的《保护地球——可持续生存战略》，提出可持续发展是要保护地球的生命力与多样性，保障生态系统具有可持续性，使生态系统在面临人类活动引起的环境变化时能够适应和演进，为人类生活质量改善提供持续的服务[7]。

——可持续的生产方式。世界资源研究所 1992 年从可持续的清洁生产角度，认为“可持续发展就是建立废料和污染物产生量最小化的工艺或技术系统”。知识创新和技术进步成为实现可持续生产方式的重要支撑，经济学家认为技术进步的贡献可以克服或抵消投资边际效益递减的压力，通过提高资源利用效率可以带动提升生产力要素的效益，突破传统意义上增长的极限，带来自然资源的永续利用[8]。

——代际福利公平。英国环境经济学家皮尔斯和沃福德在 1993 年出版的著作《世界无末日》中，从福利经济学的角度定义可持续发展，提出“当发展能够保证当代人的福利增加时，也不会使后代人的福利减少”[9]。人类社会需要通过改善综合决策来保障当代与未来发展机会的公平性。

《中国 21 世纪议程》在“可持续发展的战略与重大行动”一节中明确规定的目标是：“建立可持续发展的经济体系、社会体系和保持与之相适应的可持续利用的资源和环境基础。”其首项行动是“开展对现行政策和法规的全面评价，制定可持续发展的法律、政策体系，突出经济、社会和环境之间的联系与协调。通过法规约束、政策引导和调控，推进经济、社会与环境的协调发展”[10]。

2015 年，联合国举行了可持续发展峰会，通过了《变革我们的世界：2030 年可持续发展议程》（*Transforming our world*：*The 2030 Agenda for Sustainable Development*）。该议程提出了包含经济、社会、环境三个方面的 17 项可持续发展目标和 169 个具体目标，旨在用 15 年的时间，在世界各地消除贫困与饥饿；消除国家内和各个国家之间的不平等；建立和平、公正和包容的社会；保护人权和促进性别平等，增强妇女和女童的权能；永久保护地球及其自然资源；创造条件，实现可持续、包容和持久的经济增长，让所有人分享繁荣并拥有体面的工作，同时顾及各国不同的发展程度和能力。

据联合国的估计，实现可持续发展目标需要全球每年持续投资约 5 万亿～7 万亿美元，可为全球经济创造约 12 万亿美元的社会财富，到 2030 年可创造 3.8 亿个新的就业岗位。然而，在许多国家由于不均衡的经济增长、日益加剧的不平等贸易限制措施、债务水平上升等，严重影响了其实现可持续发展投资目标的积极性和能力，实际投资水平远低于估计的投资需求。2019 年联合国在可持续发展评估报告中指出，与 2030 年实现可持续发展目标所需要的努力程度相比，转型发展的速度和规模仍有较大的差距。到 2030 年，预计极端贫困率将达到 6%，生物多样性正在以惊人的速度丧失，数以百万计的物种濒临灭绝，温室气体排放也持续增加。总体而言，全球可持续发展形势不容乐观，一些领域仍面临着恶化的威胁[11]。

1.2.2 自然资本

可持续发展理念的提出扩展了新古典经济增长理论。过去经济学家仅关注生产资本，将生产资本作为财富及收入的基础。由于可持续发展强调保护生态环境的生产力，许多经济学家认为自然资本与生产资本、人力资本、社会资本都是创造财富的资本形式。自然资本由自然资源存量和生态系统组成。人力资本和社会资本价值难以估算，自然资本也不例外[3]。

弱可持续发展观点认为，可持续的经济增长要保持总资本存量不减少。当自然资源存量的耗减、环境系统的退化可以被其他形式的资本增加所抵消时总资本没有减少，则发展就是可持续的。由于要保持总资本存量，所有形式的资本必须用同样的标准进行计算，因此需要用货币计量自然资本[2, 3]。

强可持续发展观点认为，要保持自然资本存量完整。可再生资源的利用不应超过其自然再生能力；不可再生资源的利用由于不可替代，必须有限制地有效利用，要给后代人留下同等的利用机会；消纳污染功能的利用不能超过自然净化能力；应当避免导致生态系统恶化的活动或者将不利影响最小化。由于要求单独保持自然资本存量，自然资本存量可以用实物单位计量，也可以用货币单位计量[2]。

如对于矿产、化石燃料、森林、水资源等资产可以用实物单位计量，但是对于河流的净化能力、森林和湿地的生物多样性维护等生态系统服务类自然资本则难以简单地用实物单位进行计算。

1.2.3 自然资源与环境经济核算

一些国际机构提出对原有国民经济账户统计体系加以改进，指出 GDP 本质上是衡量短期经济活动，忽视了自然资源损耗及退化的长期效应，难以很好地衡量可持续增长能力[12]。

1989 年，世界资源研究所（World Resources Institute，WRI）出版了 R. Repetto 等的研究报告《递耗资产：国民收入核算中的自然资源》，指出国民收入核算的缺陷是未考虑自然资源耗损对未来的影响：“一个国家可能用光矿产资源、砍光森林树木、流失土壤养分、污染地下水层、滥捕滥杀导致野生动物和鱼类种群灭绝，但是国民收入核算不会受到这些自然资源丧失的影响。”存在这种缺陷的国民收入核算会误导国家发展决策，不利于实现可持续发展。因此，该报告提出应建立自然资源实物量账户，记录一个统计周期内自然资源实物存量和存量变化情况。基本统计方法是，期初存量加上所有的增长量或补充量，减去所有的开采量、破坏量、缩减量等于期末存量。把自然资源纳入国民收入账户，需要给自然资源实物量账户赋予合适的货币价值，来体现自然资源耗损对未来价值实现的影响[13]。

世界银行的专家学者从20世纪90年代开始开展绿色GDP调整相关研究，把自然资本和人力资本作为一个国家生产力和财富的一部分，提出了用真实储蓄率来衡量社会财富的变化，将自然资本的耗损和退化从国民生产总值中扣减，还提出应把教育支出作为对未来人力资本的储蓄加进去。如果调整后的真实储蓄率为正，则认为发展是可持续的；如果调整后的真实储蓄率接近零或者为负，则认为发展是不可持续的[14, 15]。

经济合作与发展组织（Organization for Economic Co-operation and Development，OECD）提出用经环境调整的综合要素生产力（environmentally adjusted multifactor productivity，EAMFP）指标，来衡量一个国家在给定的投入水平下获得收入的能力，同时考虑自然资源的消耗以及污染物排放。将综合要素生产力（multifactor productivity，MFP）广泛用于经济效益评价，作为评价长期发展前景的重要指标。EAMFP指标考虑了环境污染治理对GDP增长的调整，同时考虑了劳动力资本、生产资本和自然资本对增长的贡献，从而得出经环境调整的综合要素生产力。在EAMFP指标中，自然资本对GDP增长的贡献用来衡量一个国家自然资源开采利用对产出增长的贡献程度。若一些国家自然资源开采对GDP增长的贡献率非常高，则需评估当自然资本逐渐稀缺时这些国家的长期经济增长前景。结合污染治理成本，对GDP增长的调整有两种情形，对于注重污染减排、把大量资源投入到污染治理的国家，GDP增长往往被低估，因此调整方式是加上污染治理的贡献；而忽视污染治理的国家GDP增长被高估，调整方式则是减去以环境质量为代价的“超额”增长[16]。

1993年，联合国统计署（United Nations Statistics Division，UNSD）结合当时关于评估和衡量可持续发展概念的需要，公布了《1993年国民核算手册：综合环境和经济核算体系》，提出了环境经济核算的基本框架。在总结各国实施过程中积累的实践经验和方法研究的基础上，2003年又发布了《2003年国民核算手册：综合环境和经济核算体系》，即 SEEA-2003 版本，进一步统一了概念和定义[2]。

2014 年，联合国统计署发布了《环境经济核算体系 2012 中心框架》（简称“SEEA2012 中心框架”），其正式成为环境经济核算的国际统计标准。SEEA2012 中心框架主要采取实物量账户的形式，拓展了通行的国民经济核算体系（system of national accounting，SNA）对资产核算的范围，统计自然资源的存量、使用量、污染排放，以及与环境和自然资源管理有关的交易情况[17]。

自然资本包括自然资源和生态系统，SEEA2012 中心框架主要是针对自然资源资产核算，生态系统核算则另外建立了实验性的核算框架。2014 年发布的《实验性生态系统核算》（Experimental Ecosystem Accounting，EEA）提供了生态系统服务核算的框架，记录了不同生态系统类型、基础条件、生态系统服务的实物和货币流量，还建立了包括土地、水、碳和生物多样性的主题账户[18]。EEA 不是正式的统计标准，但是一些国家参考该框架探索建立了本国的生态系统账户[19]。

1.2.4 生态系统服务

构成生态系统的生物与环境有机体，为人类提供各类原材料、产品和服务。1970 年，危急环境问题研究（Study of Critical Environmental Problems，SCEP）在《人类对全球环境的影响报告》中着重分析了人类活动对全球气候变化和大尺度生态系统的影响，首次提出了生态系统服务的概念，阐述了生态系统在昆虫授粉、害虫控制、气候调节和物质循环等方面的服务功能[20]。G. Daily 等系统阐述了生态系统服务的内容与评价方法，分析了对不同地区森林、湿地、海岸等生态系统气候调节、土壤肥力、授粉、害虫控制等服务价值评价的实例[21]。

R. Costanza 等评估了 16 个生物群落的 17 种生态系统服务的经济价值。17 种生态系统服务包括大气调节、气候调节、干扰调节、水调节、供水、水土保持、土壤发育、营养物质循环、废物处理、授粉、生物控制、栖息地保护、食物生产、原材料、基因资源、娱乐、文化[22]。

2001—2005 年，由联合国组织的千年生态系统评估（millennium ecosystem assessment，MA）工作组在全球和区域尺度开展了生态系统与人类福利的研究，是目前对生态系统服务价值规模最大的一次评估工作。根据千年生态系统评估方法，生态系统服务可分为物质产品供给服务、调节服务、文化服务、支持服务四大类。其中支持服务是其他生态系统服务的基础，往往不直接给人类带来使用价值，所以一般不估算其服务价值[4]。千年生态系统评估对生态系统的分类见表 1-1。

表 1-1 生态系统服务分类

物质产品供给服务（从生态系统中获得的物质产品）	调节服务（从生态系统调节过程中得到的效益）	文化服务（从生态系统中得到的非物质效益）	支持服务（为产生其他生态系统服务提供支持的效益）
•食物 •淡水 •生物质燃料 •纤维 •生物化学品和天然药材 •基因资源	•空气质量调节 •气候调节 •水调蓄 •控制水土流失 •水质净化和治污 •疾病调节 •病虫害生物防治 •授粉 •自然灾害调节	•文化多样性 •精神和宗教价值 •知识体系 •教育 •启发 •美学价值 •社会关系 •地方品牌 •文化遗产 •娱乐与生态旅游	•土壤形成 •光合作用产生氧气 •初级生产力 •营养物质循环 •水循环

资料来源：整理自“*Millennium Ecosystem Assessment*, 2005”[4]。

我国从 20 世纪末开始开展生态系统服务价值相关研究，从概念表达上来看，生态系统服务功能和生态系统服务在部分文献中被混用。生态系统服务功能是存量概念，而生态系统服务是流量概念，国际上的生态系统价值核算是当年服务的流量，国内虽然表达上有所不同，但核算也是统一到生态系统服务流量价值上[23-25]。欧阳志云等开展了中国陆地生态系统服务功能及其价值研究，估算了有机物质生产、二氧化碳固定、氧气释放、涵养水源和水土保持的服务价值[23]，后续研究中将生态系统生产总值（GEP）定义为生态系统为人类提供的产品和服务的总和，包括生态系统产品、生态调节服务和生态文化服务[26]。马国霞等把陆地生态系统服务价值分为市场价值和非市场价值。市场价值包括农产品、渔产品、林产品生产与原材料，非市场价值包括气候调节、固碳释氧、水流动调节、土壤保持、防风固沙、水质净化、空气净化、病虫害防治和文化服务[27]。

第 2 章

绿色国民经济核算研究进展

自然资本价值核算和环境损害价值核算是绿色国民经济核算的重要内容，绿色 GDP 和 GEP 核算是绿色国民经济核算的不同表达方式。自然资本价值核算包括自然资源资产价值核算和生态系统服务价值核算。本章介绍 SEEA2012 中心框架的自然资源资产价值核算方法、环境损害价值评估方法、经环境调整的绿色国民经济核算方法和生态系统服务价值核算方法。

2.1 自然资源资产价值核算方法

SEEA2012 中心框架包括对经济体内部和经济与环境之间的物质和能源实物流量核算、自然资源资产存量及其变化的核算，以及与环境有关的经济活动和交易账户，为自然资源耗减的实物量和价值量核算提供了参考方法。

自然资源资产包括矿产和能源资源、土地、土壤资源、木材资源、水生生物资源、其他生物资源和水资源。SEEA2012 中心框架对于自然资源资产存量的核算方法侧重于记录各项环境资产的实物存量。实物存量是指在既定时刻的资产总量，如煤炭吨数、木材体积（m^3）和土地面积（hm^2）。界定这些资产不以其构成元素计（如木材中的碳和土壤资源中的营养元素）[17]。

与自然资源资产有关的实物流量是自然资源耗减流量，在资产账户中表示不同时期的资产存量变化。耗减流量是指经济单位通过开采、提取和收获，消耗的实物自然资源，未来的资源供应能力下降速度与当前的开采速度有关。在估算耗减流量时，不可再生自然资源（如矿产和能源资源）实物耗减流量就是资源开采量，可再生资源（如木材资源和水生生物资源）耗减流量要同时考虑开采量和自然资源在一段时间内的再生能力[28]。

SEEA2012 中心框架对于自然资源存量的价值评估介绍了净现值法，是将一项环境资产预期经济收益换算成当期价值，如对开采销售某种矿产资源的多年预期收益进行折现，选取一定的折现率，计算当期价值[17-29]。见式（2-1）。

$$V_t = \sum_{i=1}^{N_t} \frac{\mathrm{RR}_{t+i}}{(1+r_t)^i} \tag{2-1}$$

式中：V_t——时期 t 的期末资产价值；

RR_{t+i}——预期未来资源租金的名义价值，$i=1, 2, \cdots, N_t$；

r_t——t 时期有效的名义折现率。

资源租金是自然资源资产开采和使用在扣除了所有费用和正常回报后的剩余价值。在未来各个年度资源租金不是一成不变的，可以估算出每个年度的预期资源租金序列。V_t 等于 N_t 时期未来资源租金折现流量。耗减量反映自然资源资产因开采量超过再生量而产生的价值变化。根据耗减量调整后的资源租金测算对应自然资源资产净回报值[17]。

2.2 环境损害价值评估方法

2.2.1 空气污染环境损害价值评估

空气污染环境损害研究关注的重点是空气污染的健康损害。空气污染是造成下呼吸道感染、心脑血管疾病、癌症等健康危害的主要风险因素，2016 年世界卫生组织统计的户外和室内空气污染造成的过早死亡人数达到 700 万人，其中户外环境空气污染造成的过早死亡人数约为 420 万人[30]。

国际上开展了许多针对颗粒物污染（包括 PM_{10} 和 $PM_{2.5}$）影响健康的研究，研究表明 PM_{10} 短期暴露会产生呼吸道健康影响，但是从致死率来看，$PM_{2.5}$ 长期暴露具有更大的健康风险。PM_{10} 质量浓度每升高 10 μg/m^3，每日全死因致死率提高 0.2%～0.6%，$PM_{2.5}$ 质量浓度每升高 10 μg/m^3，长期暴露造成心脑血管疾病致死率风险提高 6%～13%。暴露于 $PM_{2.5}$ 的人群平均减少约 8.6 个月预期寿命。采用健康影响评价法得出的研究结果表明，如果 $PM_{2.5}$ 的质量浓度长期控制在世界卫生组织空气质量准则（air quality guidelines，AQGs）水平（年平均质量浓度 10 μg/m^3，24 h 平均质量浓度 25 μg/m^3），污染严重城市居民的平均寿命可以延长约 20 个月[31]。

臭氧的短期暴露会增加致死率和呼吸道疾病发病率，根据短期暴露对肺功能、肺部炎症、肺通透性、呼吸道症状、增加用药、发病率和死亡率影响的研究，臭氧表现出区别于颗粒物的影响。长期暴露在臭氧中对健康的影响尚无定论，流行病学和动物试验研究表明臭氧长期暴露的健康影响包括炎症反应、肺部损伤、永久的结构性气道和肺部组织改变等。健康风险与臭氧浓度有关，当 1 h 或 8 h 臭氧平均质量浓度达到 50～70 μg/m^3 时，观察到死亡率显著增加。据估计，欧盟 25 国每年大约有 21 000 人的过早死亡与臭氧质量浓度超过 70 μg/m^3 有关。臭氧质量浓度每升高 20 μg/m^3，呼吸道疾病致死风险提高 1.002 3%～1.066%；臭氧质量浓度每升高 10 μg/m^3，全死因死亡率提高 1.003%，心血管疾病死亡率提高 1.004%，呼吸道疾病死亡率提高 1.000%[32]。

人们逐渐关注到前驱气体和细颗粒物二次污染也会对健康造成影响，特别是 NO_2 对健康的直接和间接损害[32, 33]。

2000—2015 年，全球范围内 $PM_{2.5}$ 和臭氧污染导致的过早死亡人数呈上升趋势[34]（表 2-1）。

表 2-1 全球空气污染导致的过早死亡人数统计 单位：人

项目	2000 年	2005 年	2010 年	2015 年
$PM_{2.5}$ 污染造成的过早死亡人数	3 793 975	3 934 335	3 944 727	4 241 096
$PM_{2.5}$ 造成的每百万居民过早死亡人数	619	603	569	577
臭氧污染造成的过早死亡人数	198 747	207 026	217 336	254 046
空气污染造成的过早死亡人数合计	3 992 722	4 141 361	4 162 063	4 495 142

数据来源：整理自 OECD（2017）[34]。

2017 年 OECD 采用统计生命价值（value of statistical life，VSL）估算了金砖国家和 OECD 国家因空气污染造成的过早死亡的经济损失。统计生命价值采用支付意愿法，调查个人减少过早死亡风险的支付意愿，估算出空气污染的社会成本。OECD 报告估算 2015 年 35 个 OECD 国家空气污染造成的经济损失为 1.89 万亿美元，占这些国家 GDP 的 3.7%。2015 年中国统计生命价值为 136 万美元，当年空气污染造成的经济损失为 1.6 万亿美元（2015 年价），占 GDP 的 8.4%[34]。蒋洪强等对长江经济带各省（市）2004—2017 年的环境退化成本进行了核算，其中大气污染损失考虑了健康损失、种植业减产损失、室外建筑材料腐蚀损失和清洁费用增加成本，研究得出 2015 年大气污染总损失约占区域 GDP 的 1.2%[35]。OECD 报告采用支付意愿法得到的统计生命价值偏高，因此其估算的损失数额也比其他研究要高很多。

我国也开展了大量大气污染对居民健康影响的研究，初期主要关注 SO_2，后来逐渐扩展到 NO_2 和 PM_{10}，近年来开始关注 $PM_{2.5}$ 和臭氧。暴露响应系数主要来自国外已发表的文献。国内关于大气污染健康损失核算、经济代价评估以及控制大气污染的潜在健康效益等方面的研究，多采取对收集的文献定量统计处理的元分析（Meta-analysis）、泊松回归模型通过暴露响应关系估算健康损失量，采用人力资本法或支付意愿法估算过早死亡经济损失，采用疾病成本法计算医疗费用支出，采用投入产出模型和一般均衡模型估算大气污染造成的宏观经济损失[36, 37]。

2.2.2 温室气体排放环境损害价值评估

目前，通过科学观测得到越来越多的因气候变化而对自然系统产生直接影响的数据，包括大气、海洋、冰冻圈和海平面的变化。国际社会越来越关注气候变化对人类生态系统产生的直接和间接的影响，诸如在人类健康、粮食安全、生物多样性、生态系统稳定性以及社会条件的安全性等方面。一些生态系统适应能力有限，对变暖速度敏感的陆地物种、对海洋酸化速度和程度敏感的海洋物种将面临较大风险，存在生物多样性损失、生态系统产品和服务损失的风险。极端天气事件可造成区域农作物减产、可用水资源减少等影响。政府间气候变化专门委员会（IPCC）强调，几乎地球上所有的系统都将受到气候变化的影响，指出气候变化和可持续发展密切相关，将气候变化风险以及适应和减缓的事宜纳入可持续发展的框架。IPCC 发布了第五次评估报告《气候变化 2014：综合报告》，根据现在的不完全统计，如果气温较工业化前期升高 2.5℃，造成的全球经济损失将占收入的 0.2%～2.0%[38]。

对碳的社会成本，即多排放 1 t 二氧化碳的经济影响估算研究结果差异较大，1996 年 IPCC 回顾了大量已发表的文献后得出：每吨碳排放的社会成本估算在 5～125 美元（1990 年价）[39]。2014 年 IPCC 也总结了不同研究，预估 2000—2015 年，每吨碳的边际社会成本介于几美元和几百美元之间。

报告指出，这些影响估算研究并不完整，且依赖大量假设，不少假设存在争议[38]。

世界银行引用了 S. Fankhauser 的研究数据，经调整净储蓄率，将二氧化碳的排放数据转换为碳排放数据，得到每吨碳排放的全球边际社会成本估算为 20 美元（2015 年价）[15, 40]。

2.2.3 水污染环境损害价值评估

发达国家对水污染环境损害的评估主要关注富营养化对生物多样性、休闲娱乐、资产价值、饮用水处理造成的经济损失。Pretty 等在研究英格兰和威尔士淡水富营养化环境损害时，从 10 个方面评估社会经济损失：①滨水房产价值降低；②水体的商用价值降低（渔业、水产养殖）；③去除蓝藻毒素和藻类分解产物的水处理成本提高；④饮用水处理去除营养物质的成本提高；⑤河道清理成本（清淤、除草）提高；⑥非污染类气体排放造成的损失（温室气体和酸性气体排放，如 N_2O、CH_4 和 NH_3）；⑦美学价值和娱乐休闲价值减少；⑧经营性旅游业损失；⑨商业水产养殖损失；⑩人体、牲畜、宠物健康损失。该研究还评估了淡水富营养化的生态损失（非使用价值）。同时也指出富营养化存在一定的正面影响，如可以提高某些鱼类产量，灌溉农田可以增加肥力，可以增加某些野生鸟类的食物来源。估算结果表明英格兰和威尔士淡水富营养化造成的经济损失每年为 1.05 亿～1.60 亿美元，为减轻环境损害而开展监测、开发富营养化控制政策和战略、采用新的农业适用技术减少营养物质排放、藻类处理和预防等政策响应，每年支出约为 7 700 万美元[41]。

Dodds 等关于美国淡水富营养化潜在经济损失的研究以全国 14 个 TN 和 TP 超标的水生态区（包括河流、湖库）为研究对象，估算出水体富营养化造成泛舟垂钓休闲娱乐价值、滨水房地产价值、恢复濒危物种支出、饮用水处理费用等方面的潜在经济损失每年约为 22 亿美元。最大的经济损失是滨水房地产价值损失，每年为 3 亿～28 亿美元，休闲娱乐价值损失为 3.7 亿～11.6 亿美元[42]。

国内水污染环境损害主要关注农业损失、渔业损失、健康损失、水处理成本增加等方面，通过虚拟治理成本法或者建立水污染经济损失计量模型，采用水污染经济损失系数进行估算。胥卫平等通过文献回顾和调研得出水污染引起的主要疾病的死亡率和发病率假设，估算了西安市水污染对人群的健康损害，包括过早死亡损失、住院费用、门诊费用等，采用潜在寿命损失年来衡量水污染引起的健康损失，估算出 2000 年西安市水污染健康损失为 1.49 亿～12.9 亿元，占当年 GDP 的 0.23%～2.02%[43]。王金南等核算 2004 年我国水污染虚拟治理成本为 1 808.7 亿元，占 GDP 的 1.13%；水环境退化成本为 2 862.8 亿元，占 GDP 的 1.71%[44]。汪然从农业损失、渔业损失、工业损失、市政损失等方面估算了上海市 2016 年水污染引起的经济损失，参考相关研究得出各类污染损失率，估算出经济损失为 540 亿元，占当年上海市 GDP 的 1.97%[45]。刘叶叶等估算 2008—2016 年湘江流域水污染经济损失，利用改进的污染损失率法得出不同污染程度的综合损失率，得出湘江流域 2013 年污染损失最高（297.04 亿元）[46]。孙向军和柯琴建立了污染价值损失估算模型，得出 2012—2016 年陕西渭河流域各地区水污染损失，其中 2014 年损失最高，约为 46.16 亿元[47]。

2.3 经环境调整的绿色国民经济核算方法

2.3.1 基于资源耗减和环境损害成本调整

1989 年，R. Repetto 等在《递耗资产：国民收入核算中的自然资源》中提出经环境调整的净国民生产总值（environmental adjusted net national product，eNNP），即将自然资源折旧从国民生产总值 GNP 中扣除，见式（2-2）。自然资源折旧包括资源耗减成本和环境损害成本，见式（2-3）[8-13]。

$$\mathrm{eNNP}=\mathrm{GNP}-D\mathrm{p}-D\mathrm{n} \tag{2-2}$$

$$D\mathrm{n}=\mathrm{RD}+\mathrm{ED} \tag{2-3}$$

式中：$D\mathrm{p}$——生产资本折旧；

$D\mathrm{n}$——自然资源折旧；

RD——资源耗减成本；

ED——环境损害成本。

1993 年，世界银行的专家学者 D.Pearce 和 G.Atkinson 提出统计经调整的净储蓄（Adjusted Net Savings，aNS）来衡量国民财富的变化情况，以体现自然资源对国民财富的影响[48]，见式（2-4）。

$$\mathrm{aNS}=\mathrm{GNP}-C-D\mathrm{p}-D\mathrm{n} \tag{2-4}$$

式中：aNS——经调整的净储蓄；

C——消费。

K. Hamilton 提出真实储蓄（genuine savings，GS），主要是考虑自然资源扣减，并将教育支出作为对未来的储蓄[49]，见式（2-5）。

$$\mathrm{GS}=\mathrm{GNP}-C-D\mathrm{p}-D\mathrm{n}+e \tag{2-5}$$

式中：GS——真实储蓄；

e——教育支出。

世界银行自 1999 年统计并发布了 100 多个国家的真实储蓄率，2002 年恢复称其为经调整的净储蓄率（adjusted net savings rate），缩写改为 NAS[14, 15]。NAS 计算方法见式（2-6）。

$$\mathrm{NAS}=(\mathrm{GNS}-D\mathrm{p}+\mathrm{CSE}-r_{\mathrm{n},i}-\mathrm{EDc})/\mathrm{GNI} \tag{2-6}$$

式中：NAS——经调整的净储蓄率；

GNS——总净储蓄；

Dp——生产资本折旧；

CSE——非固定资产教育支出；

$r_{\mathrm{n},i}$——第 i 种自然资本耗损的租金；

EDc——环境损害成本；

GNI——以市场价格计算的国民总收入。

世界银行估算资源耗损的范围包括化石燃料（石油、天然气、无烟煤、褐煤）、矿产（铝土矿、铜、铁、铅、镍、锌、磷、锡、金和银）和可再生资源（森林）。环境损害的估算主要针对二氧化碳排放，后来增加了颗粒物排放环境损害估算[15]。世界银行统计的 2004—2018 年中国经调整的净储蓄率见表 2-2。

表 2-2　2004—2018 年中国经调整的净储蓄率统计数据

项目	2004 年	2005 年	2006 年	2007 年	2008 年	2009 年	2010 年	2011 年	2012 年	2013 年	2014 年	2015 年	2016 年	2017 年	2018 年
总储蓄占 GNI 的比例 /%	45.79	46.28	48.35	50.16	51.47	50.46	51.55	49.70	48.78	47.77	47.56	45.69	44.66	44.99	44.72
固定资产消费占 GNI 的比例 /%	16.46	16.97	17.94	19.11	20.23	21.49	21.76	22.91	24.63	24.58	24.13	23.82	23.61	24.24	21.48
净国民储蓄占 GNI 的比例 /%	29.34	29.31	30.41	31.05	31.24	28.96	29.79	26.79	24.15	23.18	23.42	21.87	21.05	20.76	23.24
教育支出占 GNI 的比例 /%	1.79	1.79	1.79	1.79	1.79	1.79	1.79	1.79	1.79	1.79	1.79	1.79	1.79	1.79	1.79
颗粒物环境损害占 GNI 的比例 /%	0.37	0.35	0.31	0.29	0.28	0.28	0.27	0.28	0.27	0.28	0.28	0.30	0.29	0.29	0.29
二氧化碳环境损害占 GNI 的比例 /%	4.76	4.89	4.75	3.98	3.62	3.42	3.47	3.28	3.12	3.00	2.86	2.79	2.79	2.75	2.66
能源耗减占 GNI 的比例 /%	2.76	2.87	2.79	2.55	4.19	1.61	2.32	3.06	1.93	1.43	1.14	0.55	0.46	0.58	0.71
矿产耗减占 GNI 的比例 /%	0.16	0.42	0.88	1.49	1.67	0.81	1.70	2.13	0.59	0.49	0.37	0.28	0.29	0.25	0.24
自然资源耗减占 GNI 的比例 /%	2.92	3.28	3.67	4.04	5.87	2.42	4.02	5.19	2.52	1.92	1.51	0.83	0.75	0.83	0.95
净森林耗减占 GNI 的比例 /%	0.00	0.00	0.00	0.00	0.00	0.00	0.00	0.00	0.00	0.00	0.00	0.00	0.00	0.00	0.00
经调整净储蓄，包括颗粒物环境损害占 GNI 的比例 /%	23.08	22.58	23.47	24.54	23.26	24.64	23.81	19.83	20.03	19.77	20.56	19.74	19.01	18.68	21.13
经调整净储蓄，不包括颗粒物环境损害占 GNI 的比例 /%	23.45	22.93	23.79	24.82	23.54	24.92	24.08	20.11	20.30	20.05	20.84	20.04	19.30	18.97	21.42
经调整的净国民收入年增长率 /%	10.23	12.56	13.62	14.24	6.09	13.26	9.41	5.16	9.49	7.77	9.76	8.72	7.76	5.85	9.76

数据来源：DataBank：Adjusted Net Savings，世界银行[50]。数据更新于 2020 年 8 月 21 日。

2.3.2 基于环境退化成本调整

2004 年 3 月国家环境保护总局和国家统计局联合启动了中国绿色国民经济核算研究项目，简称绿色 GDP 核算，在 10 个省市开展试点核算。试点核算未发布自然资源耗减成本核算结果，将环境退化成本和虚拟污染治理成本用于调整 2004 年的 GDP[44]，见式（2-7）和式（2-8）。

$$绿色\ GDP=GDP-ED \tag{2-7}$$

$$环境退化指数=ED/GDP \tag{2-8}$$

$$GDP\ 环境污染扣减指数=IC/GDP \tag{2-9}$$

式（2-7）和式（2-8）中：ED 为环境退化成本，仅考虑环境污染造成的经济损失，包括水污染、空气污染造成的损失和固体废物占地造成的损失。环境退化造成的损失占 GDP 的比例为环境退化指数。

式（2-9）中：IC 为虚拟污染治理成本，指在实际治理成本之外，估算的将环境污染降低到可接受的水平需要投入的治理成本。

2004 年的核算结果表明，中国环境污染造成的损失占当年 GDP 的 3.05%，其中 GDP 环境污染扣减指数为 1.8%，体现了不充分的环境保护会影响 GDP 的“含金量”，对于推动国内唯 GDP 的政绩观转变、改革完善社会经济发展评价考核体系起到了积极的引导作用。

蒋洪强等核算了长江经济带地区生态环境退化成本，对比分析了全国及不同区域环境退化指数情况。其研究指出长江经济带区域 2004—2017 年环境污染造成的损失呈上升趋势，年均增速为 11.91%；长江经济带平均环境退化指数为 2.35%，全国平均水平为 2.59%，而京津冀区域达到 3.78%[35]。

生态环境部环境规划院 2020 年发布了《绿色 GDP（GGDP/EDP）核算技术指南（试用）》，绿色 GDP 或者经环境调整的 GDP 是在 GDP 的基础上扣除人类在经济生产活动中产生的环境退化成本、生态破坏成本和突发生态环境事件损失后剩余的生产总值[51]。

2.4 生态系统服务价值核算方法

生态系统服务具有公共物品或准公共物品属性。例如水源涵养、空气净化服务不具备排他性，即无法不让其他人享受服务；也不具备竞争性，即一个人享受服务不会减少其他人享受，所以这类生态系统服务具有公共物品属性。生态旅游具有准公共物品属性，虽然一个人旅游不会减少其他人享受旅游乐趣，但是旅游资源所在地产权所有者或者租赁者可以通过设置围栏和收费限制进入数量。公共物品由于没有现成的市场价格参考，往往需要采取非市场价值评估方法来量化其价值[18-22]。

基于福利经济学效用理论，生态系统服务价值体现为当前或未来人们从生态系统服务中直接或间接得到福利或效用。生态系统服务的总价值可分为直接使用价值、间接使用价值、选择价值和非使用价值。一些服务价值核算可通过市场价格来直接体现，如采用生产率变动法、基于成本的评价法（如重置成本法就是通过计算新建一个污水处理厂的成本来评估生态系统水质净化服务价值，通过计算新建一个水库的成本来评价水源涵养服务价值），也可以通过虚拟市场采用揭示偏好法（如采用旅行费用法评价自然保护地作为旅游目的地的文化服务价值；采用内涵定价法通过统计分析识别市场资产价格与某类生态服务的关系，从而得出人们为某类生态服务支付的价格），或采用陈述偏好法（如意愿调查法通过调查个人偏好和支付意愿得到某项生态系统服务的消费者剩余）。非使用价值的核算方法主要采用陈述偏好法[4-18]。效益转换法是通过对已有实证研究结果的统计分析，得到单位效益或者效益函数[52]。生态系统服务价值及常用评估方法如图 2-1 所示。

国际上有关生态系统服务价值核算没有统一方法，目前以联合国统计署发布的《2012 环境经济核算体系——实验性生态系统核算》作为指导。国内有关评估与核算的技术规范包括《自然资源（森林）资产评价技术规范》（LY/T 2735—2016）、《森林生态系统服务功能评估规范》（GB/T 38582—2020）、《湿地生态系统服务评估规范》（LY/T 2899—2017）、生态环境部环境规划院和中国科学院生态环境研究中心 2020 年编制的《陆地生态系统生产总值（GEP）核算技术指南》等。

英国 2012 年提出在环境账户体系中建立自然资本账户，改进自然资源资产估算，建立土地利用 / 土地覆被（Land Use and Land Cover，LULC）账户，为建立具体的生态系统账户提供基本框架。设置碳账户，测算不同时间跨度英国碳存量变化情况。生态系统账户包括森林、封闭式农场、湿地生态系统和初步的海洋环境账户[53, 54]。

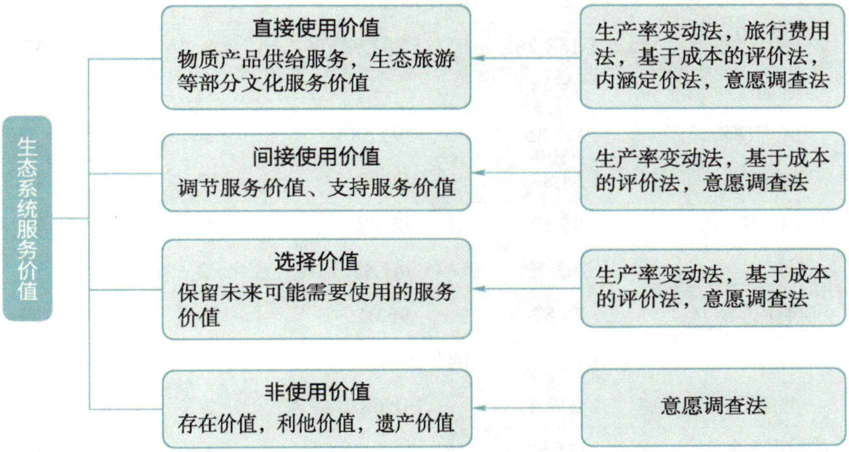

图 2-1　生态系统服务价值及常用评估方法

英国国家统计办公室（Office for National Statistics，ONS）发布的《英国自然资本账户 2019》估算了自然资源的经济和社会价值。统计结果显示，2016 年英国自然资本接近 1 万亿英镑；2017 年树木和水域的降温作用通过降低空调费用和保持生产力节省了 2.48 亿英镑；2018 年煤炭生产创历史新低，约为 1998 年煤类产量的 6%；2008—2018 年可再生能源发电从占比 5% 提升到 35%；2016 年在生态良好的空间附近 500 m 范围居住为英国家庭带来 780 亿英镑的美学和休闲娱乐价值[55, 56]。英国自然资本账户估算生态系统服务价值见表 2-3。

我国尚未建立正式的生态系统价值核算统计体系，从国内开展的生态系统服务价值核算研究来看，有的基于生态系统服务量进行核算，有的基于已有文献得到的单位面积服务价值进行核算，有的采取生态服务功能量与专家经验结合的当量因子法进行核算，核算服务分类不统一、评价方法有差异、基础数据分辨率不同导致核算结果的差异性也较大。

表 2-3 英国自然资本账户估算生态系统服务价值

项目	生态系统服务价值 / 亿英镑		变化百分比 /%	
	2016 年	2017 年	2016—2017 年	2009—2016 年
产品提供服务				
农业生物质	1 184.26	1 282.92	8	37
捕鱼	75.84	—	—	—
化石燃料	952.85	593.58	-38	-53
矿产	54.83	64.08	17	82
木材	85.17	89.62	5	72
取水	763.70	747.41	-2	25
可再生能源	78.87	95.01	20	133
调节服务				
固碳	1 039.47	1 056.02	2	12
空气污染净化	431.52	434.47	1	0
城市降温 *	113.98	133.02	17	
噪声控制 *	—	832	—	
文化服务				
娱乐休闲	4 011.79	3 541.89	-12	1
美学价值（房价）*	94.28	—	—	-16
娱乐休闲（房价）*	685.52	—	—	23
合计	9 580.40	—	—	

注：带 * 号是新增加的评估内容。表中“—”是指没有足够数据支持评估，不代表无变化。2017 年总资产价值评估中包含了噪声控制的资产价值。

数据来源：ONS[55]。

——生态系统服务量核算与价值评估法。欧阳志云等在核算我国生态系统有机质生产、水源涵养、减少侵蚀、氮磷营养循环、固碳释氧等服务量基础上，评价得出我国生态系统服务部分间接价值为 30.49 万亿元，其中有机质生产的间接价值占比最大，占总价值的 51.5%[23]。赵同谦等评价了 2000 年我国地表水生态系统服务价值，包括洪水调蓄、河流输沙、水资源蓄积、土壤保持、水质净化、固碳、生物多样性维持 7 项间接价值，认为水生态系统服务中洪水调蓄价值的贡献率最高[25]。欧阳志云等估算了贵州省 2010 年生态系统生产总值为 2 万亿元，为当年该省 GDP 的 4.3 倍[26]。马国霞等核算了我国 2015 年陆地生态系统 GEP 为 72.81 万亿元，是 2015 年全国 GDP 的 1.01 倍，其中湿地生态系统服务价值最大，占比为 42.4%；其次是森林生态系统，占比为 30%[27]。

——基于经典文献的单位面积效益转换法。陈仲新和张新时采用 Costanza 等的生态系统分类方法与经济参数，以 1∶400 万植被覆盖图评价 1994 年我国陆地生态系统服务价值为 7.78 万亿元，海洋生态系统服务价值为 2.1 万亿元[57]。毕晓丽和葛剑平采取同样方法，以 1 km^2 分辨率的土地覆盖分类数据评价 1997 年生态系统服务价值为 4.07 万亿元[58]。

——当量因子法。谢高地等构建了基于专家知识的单位面积生态系统服务价值当量因子方法，将农田、森林、草地、湿地、荒漠、水域生态系统做了二级分类，增加了生物量调节因子、降水调节因子和土壤调节因子，通过建立分省的和逐月的动态价值评估体系，来评价全国生态系统服务价值。该方法基于 1∶100 万植被类型分布图评价出我国 2010 年各类生态系统提供的总服务价值为 38.10 万亿元，其中森林生态系统服务价值最大，占比为 46%；其次是水域和草地，分别占比为 21.16% 和 19.68%[59, 60]。

第 3 章 ↘

绿色 GDP 和 GEP 核算技术方法

3.1 安徽省绿色 GDP 核算技术路线

经环境调整的绿色国民经济核算主要从自然资源耗减、环境损害等方面对现行的国民经济核算指标进行调整。2015 年，国务院办公厅印发了《编制自然资源资产负债表试点方案》，国家统计局等相关部门开始开展自然资源资产负债表核算试点工作，国内学者在土地、矿产、森林、水资源等自然资源资产要素界定、实物量核算以及价值量转换等方面开展了探索性研究[61-67]。但是目前国内关于自然资源资产价值量核算和应用案例研究较少，统计数据获取难度较大，因此本章仅基于环境退化成本对 GDP 进行调整，未将自然资源耗减纳入绿色 GDP 核算研究的范围。

3.1.1 基于环境成本调整的绿色 GDP 核算内容

环境成本包括污染治理成本和环境退化成本。

污染治理成本核算内容包括两个部分：一是环境污染实际治理成本，二是环境污染虚拟治理成本。环境污染实际治理成本是指目前已经发生的治理成本，包括污染治理过程中的固定资产折旧、药剂费、人工费、电费等运行费用。经实际治理后排放的污染物如果在自然环境中未得到有效净化，尤其是当排放的污染物超过环境自净能力时，会对生态环境产生负面影响。虚拟治理成本是假设为避免或减轻污染物排放对环境的损害，对排放到环境中的污染物按照现行的治理技术水平进行治理的当年环境治理运行费用。虚拟治理成本可以用来反映为减轻环境损害所需要投入的社会成本。

环境退化成本是指环境污染损害的社会成本，采用基于环境损害的价值评估方法来估算环境污染造成的社会损失。参考已有文献的污染损失剂量-反应关系建立污染损失模型，得到如生产率变化、致病率或致死率变化等损失情况，主要采用市场价值法、修正的人力资本法、疾病费用法、效益转换法等进行经济损失估算。

安徽省绿色 GDP 核算试点研究着重围绕环境退化成本及污染虚拟治理成本对 GDP 进行调整。生态环境部环境规划院在 2020 年《绿色 GDP（GGDP/

EDP）核算技术指南（试用）》中提出将生态破坏纳入绿色 GDP 核算，从核算方法来看与 GEP 核算方法一致，生态破坏成本为多年生态破坏净变化量导致的生态调节服务价值量损失[50]。由于总体上安徽省生态环境呈好转趋势，年度生态破坏变化没有净增加量，因此在安徽省绿色 GDP 核算中未考虑生态破坏的核算。突发性污染事件造成的环境损失也可作为绿色 GDP 核算的一项内容，但是考虑到突发环境事件造成的环境损失的统计不完整，不同年度之间数据不具备可比性，因此未纳入本次核算。

3.1.2 核算技术路线

安徽省绿色 GDP 核算试点包含两个阶段的内容：一是实物量核算，二是价值量核算。实物量核算运用实物单位建立不同地区、不同行业部门、各类污染物的产生量、去除量（处理量）、排放量等实物量账户；价值量核算是在实物量核算的基础上，估算各种环境污染造成的货币价值损失。价值量核算包括污染物虚拟治理成本和环境退化成本核算，分别采用治理成本法和污染损失法。本研究核算采用的技术路线如图 3-1 所示。

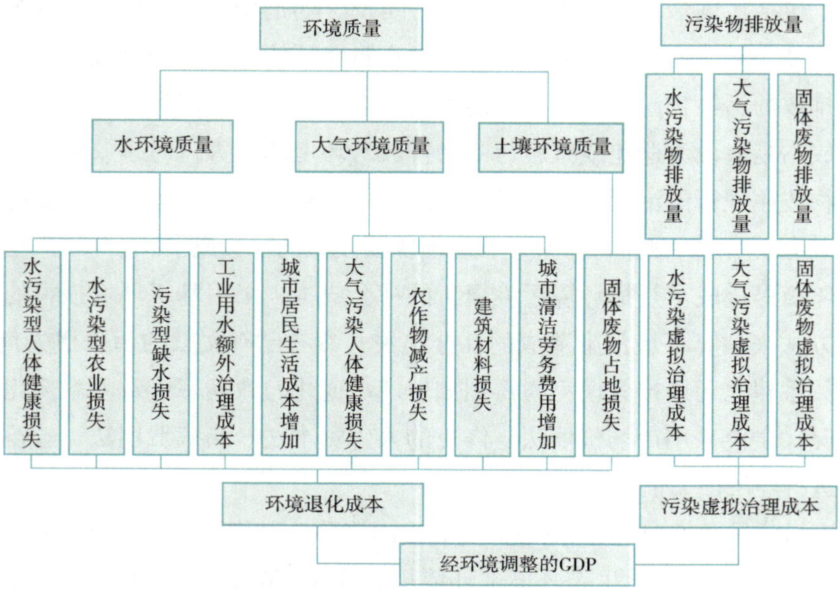

图 3-1　安徽省绿色 GDP 核算技术路线

3.1.3 核算区域与时段

安徽省绿色 GDP 核算研究以 2014 年为基准年，核算全省及 16 个市以及各行业部门的水污染、大气污染、工业固体废物、城市生活垃圾污染和污染事故等造成的经济损失。

3.2 安徽省绿色 GDP 核算方法

3.2.1 环境污染实物量核算

环境污染实物量核算思路是以分地区、分部门的环境统计数据为基础，建立相应水污染、大气污染和固体废物的实物量核算模型，对各类污染物的产生、削减（处置）和排放量进行规范化的核算，获得全面的实物量数据资料。进行分部门和地区的环境污染实物量核算的基础是环境统计数据，即通过核算得到：①各部门经济活动产生的各类污染物的排放量、处理量和产生量数据；②各地区的经济活动产生的各类污染物的排放量、处理量和产生量数据。环境污染实物量核算的主要污染物统计见表 3-1。

表 3-1 环境污染实物量核算的主要污染物

类别	指标	第一产业		第二产业	第三产业	生活	
		种植业	规模化畜禽养殖业			城镇生活	农村生活
水污染	废水	√	⊕√	√	√⊕	√	⊕
	COD		⊕√	√	√⊕	√	⊕
	NH_3-N	√	⊕√	√	√⊕	√	⊕
	总氮	√					
	总磷	√					
	重金属			√			
	氰化物			√			
	石油类			√			

续表

类别	指标	第一产业		第二产业	第三产业	生活	
		种植业	规模化畜禽养殖业			城镇生活	农村生活
大气污染	SO_2	⊕		√	⊕	√⊕	⊕
	NO_x	⊕		√	⊕	√⊕	⊕
	烟（粉）尘	⊕		√	⊕	√⊕	⊕
固体废物	工业固体废物			√			
	危险废物			√			
	生活垃圾					√	

注：√表示数据来源于环境统计，⊕表示数据需要核算。

工业废水排放量、排放达标量和排放未达标量以环境统计中各地区的工业废水排放量和各行业的废水排放量结构为基准，并修正排放达标率，进行废水实物量的核算；城市生活污水直接采用环境统计数据；种植业、畜牧业废水和农村生活污水分别采用耗水系数法、畜禽废水产生系数法和人均综合生活污水产生系数法进行推算。

工业废水污染物产生量、去除量和排放量以环境统计的实物量数据为基准，进行适当修正后完成工业废水中污染物的核算；城市生活污水污染物直接采用环境统计数据；种植业、畜牧业和农村生活污水污染物分别采用单位污染物源强系数法、畜禽污染物排泄系数法和人均综合生活污水污染物产生系数法进行推算。

分地区的大气污染物实物量核算数据采用环境统计数据。分行业的核算主要包括第一产业（种植业）、工业、第三产业、城市生活和农村生活 5 个部分。工业大气污染物实物量统计按照环境统计行业进行，并根据环境统计中分地区的工业大气污染物数据做出相应调整。为了与国民经济统计衔接，需要对环境统计中农业、第三产业大气污染物进行分行业核算，排放量核算按照能源消费量进行分解。

固体废物核算工业固体废物和危险废物的产生量、综合利用量、储存量、处置量和排放量，城市生活垃圾的产生量、卫生填埋量、填埋量、无害化焚烧量、简单处理量和堆放量。一般工业固体废物和危险废物利用环境统计数据核算，城市生活垃圾利用《中国城市建设统计年鉴》数据核算。

3.2.2 价值量核算——虚拟治理成本法

虚拟治理成本法是假设对排放到环境中的污染物按照现行的治理技术和水平全部治理，然后得出所需要的治理费用。从经济学效率角度来看，当边际治理成本等于减少环境损害的边际收益时得到有效率的治理水平。而在实际治理水平较低的情况下，污染物排放造成的环境损害会远远大于采取常规治理技术治理污染的投入。

本研究采用平均单位治理成本来估算价值量，优点是数据比较容易获得，缺点是对污染物边际治理成本变化趋势考虑不足。边际治理成本在去除率趋于技术极限水平后将快速增加，采用当前平均单位治理成本来估算很大程度上会低估为减少环境损害所需要投入的社会成本。

参考相关技术指南，结合安徽省行业调研数据，各类污染物单位治理成本参考数据见表 3-2。

表 3-2 各类污染物单位治理成本参考数据

	污染物种类	单位治理成本
畜禽养殖废水	废水	规模化畜禽养殖废水：2.4 元 /t
	COD	干清粪：猪 0.9 元 /kg，牛 1.5 元 /kg，鸡 0.5 元 /kg；湿法：6.8 元 /kg
	NH_3-N	湿法：6.2 元 /kg
农村生活污水	污水	1 500 元 /15 户，农村沼气化率取 5%
	COD	治理成本系数取 0.9
	NH_3-N	治理成本系数取 0.1
城市生活污水	污水	以各市实际治理成本计
	COD	5.2 元 /kg
	NH_3-N	4.8 元 /kg

续表

	污染物种类	单位治理成本
工业废水	重金属	各工业行业废水污染物单位治理成本参考生态环境部环境规划院提供的成本数据[69]
	氰化物	
	COD	
	石油类	
	氨氮	
大气污染物	二氧化硫	电力行业 1 350 元 /t，其他 840 元 /t
	烟尘	电力行业 100 元 /t，其他 140 元 /t
	氮氧化物	4 500 元 /t
固体废物	一般工业固体废物	处置 32 元 /t，储存 6.2 元 /t
	危险废物	处置 2 061 元 /t，储存 21 元 /t
	生活垃圾	清运 20 元 /t，卫生填埋 35 元 /t，无害化焚烧 60 元 /t，堆肥 120 元 /t

3.2.3　价值量核算——环境污染损失法

在现有的治理水平下，如果社会经济活动过程中所排放的污染物超出了自然净化和消纳能力，则对环境功能、人体健康、生产力会造成一定程度的损害，或者为了避免损害而产生额外的防护支出，从而造成社会经济损失。本次核算的环境损害成本考虑了 3 大类、10 小类环境污染损失，各项环境污染损失的污染因子、核算内容和核算方法见表 3-3。

表 3-3　环境污染损失核算内容与方法

类型		污染因子	实物量核算内容与方法	价值量核算方法
大气污染	健康损失	PM_{10}	城市暴露人口、大气污染造成的过早死亡人数、平均损失寿命年数、相关疾病住院增加人次和休工天数等（剂量 - 反应关系、引用调查结果）	修正的人力资本法 / 疾病成本法
	农业损失	SO_2、pH	水稻、小麦、油菜、棉花、大豆和蔬菜 6 种农作物产量（剂量 - 反应关系）	市场价值法

续表

类型		污染因子	实物量核算内容与方法	价值量核算方法
大气污染	材料损失	SO_2、pH	水泥、砖、花岗岩等 13 种建材暴露存量（剂量 - 反应关系）	市场价值法
	清洁劳务成本增加	降尘量	城市暴露人口、公交、道路等相关清洁费用系数（引用相关调查结果）	防护费用法
水污染	健康损失	不安全饮用水	农村不安全饮用水暴露人口、饮用水污染造成的恶性肿瘤过早死亡人数等（剂量 - 反应关系、引用相关调查结果）	修正的人力资本法 / 疾病成本法
	农业损失	污灌水或劣Ⅴ类水	污灌水量、劣Ⅴ类水农业用水量（水利部门统计资料）	影子价格法
	污染型缺水损失	因污染造成的缺水量	超标水量比例或超标河长比例（水利部门统计资料）	影子价格法
	工业用水额外治理成本	未达到Ⅳ类水	未达到Ⅳ类工业用水量（水利部门统计资料）	治理成本法
	城市生活用水额外治理成本	未达到Ⅲ类水	城市不达标饮用水水源用水量、城市居民选用净化水或纯净水的比例（水利部门统计资料、引用相关调查结果）	治理成本法 / 防护费用法
固体废物	固体废物占地损失	工业固体废物、城市生活垃圾	工业固体废物新增占地、城市生活垃圾新增占地（相关部门统计资料）	机会成本法

3.2.3.1 大气污染造成的健康经济损失

大气污染造成的健康损失一直是研究关注的热点。研究表明，全球约 3% 心脑血管疾病和 5% 肺癌死亡是由于颗粒物污染，臭氧的短期暴露会增加致死率和呼吸道疾病发病率。前驱气体和细颗粒物二次污染造成的健康影响、NO_2 对健康的直接和间接损害也受到关注[70-75]。

大气颗粒物包括直接来自排放源的一次污染物、前驱气体通过大气反应产生的二次污染物。当量直径小于 2.5 μm 的颗粒物气溶胶中硫酸盐来自化石燃料燃烧产生的二氧化硫氧化产物，硝酸盐来自化石燃料燃烧和机动车排放的氮氧化物的氧化产物，氨来自移动源排放及畜禽养殖废水和施肥排放，有机碳来自移动源、各类燃烧、工业排放、轮胎磨损等一次排放以及各类排放产生的烃类氧化产物，元素碳来自以柴油为主的移动源排放和生物质燃烧，金属来自化石燃料燃烧、金属冶炼、其他冶金过程等，生物气溶胶来自自然界的病毒、细菌等。当量直径大于 2.5 μm 的颗粒物主要包含来自土壤侵蚀夹带、道路扬尘，拆建施工等无组织扬尘产生的矿物质、飞灰、道路扬尘和轮胎与沥青磨损产生的有机碳、元素碳，自然界产生的真菌孢子、花粉和菌团等生物气溶胶[70]。

国外大量流行病学研究、受控人体暴露研究、毒理学研究十分关注颗粒物短期暴露对心血管和呼吸系统的健康影响。心血管健康影响包括颗粒物短期暴露对心率、局部贫血、血管舒缩功能、血管反应性、血压、心肌收缩力、系统性炎症、血栓、凝血因子、心血管氧化应激等影响，还包括不同浓度颗粒物短期暴露对各类心脑血管疾病发病率、就诊、住院治疗、致死率等影响。研究充分证明了 $PM_{2.5}$ 短期暴露与心血管健康影响之间存在因果关系，揭示了 PM_{10} 暴露与心血管健康影响之间存在一定因果关系。呼吸系统健康影响包括哮喘等呼吸道症状、肺功能复化、肺部炎症和氧化应激、肺部损伤、过敏反应、抑制免疫反应等，还包括不同浓度颗粒物暴露对各类呼吸道疾病发病、就诊、住院治疗、致死率等影响。研究揭示了 PM_{10} 短期暴露与呼吸道疾病影响之间存在一定因果关系，$PM_{2.5}$ 暴露与呼吸道疾病影响之间可能存在因果关系[71-76]。

一些有关颗粒物长期暴露的研究也估计了颗粒物浓度变化与不同死因的死亡相对风险度（relative risk，RR）。荷兰饮食和癌症队列研究得到了荷兰癌症协会的支持，该研究得出了 $PM_{2.5}$、SO_2、NO_2 长期浓度增加对全死因、心血管疾病、呼吸系统疾病、肺癌和其他死因死亡的相对风险度调整值。基于美国癌症协会多年的数据及研究结果，相关研究采用基线随机效应比例风险模型分析对致死风险进行了估算调整，控制了年龄、性别、种族、抽烟、教育、婚姻状况、体重、酒精摄入、职业暴露和饮食等因素，得到 $PM_{2.5}$ 长期平均质量浓度每升高 10 μg/m^3 对应的全死因死亡的相对风险度就提高约 4% 和

6%，平均提高 6%[77, 78]，经调整的 $PM_{2.5}$ 质量浓度每升高 10 μg/m³ 对应的 RR 见表 3-4。

表 3-4 经调整的 $PM_{2.5}$ 质量浓度每升高 10 μg/m³ 对应的死亡相对风险度（RR）

死因	经调整的 RR（95% 置信区间）*		
	1979—1983 年	1999—2000 年	平均
全死因	1.04（1.01～1.08）	1.06（1.02～1.10）	1.06（1.02～1.11）
心肺疾病	1.06（1.02～1.10）	1.08（1.02～1.14）	1.09（1.03～1.16）
肺癌	1.08（1.01～1.16）	1.13（1.04～1.22）	1.14（1.04～1.23）
其他死因	1.01（0.97～1.05）	1.01（0.97～1.06）	1.01（0.95～1.06）

数据来源：A.C. Pope 等[77]，D.Krewski 等[78]。

国外关于 $PM_{2.5}$ 健康影响研究对应的浓度范围较低，引用相关研究结果评估我国颗粒物污染健康损失可能缺乏代表性，因此 Aunan 和 Pan 整合分析了 6 项针对中国城市流行病学的研究成果，研究得出了 PM_{10} 和 SO_2 浓度与全因死亡率、心血管疾病死亡率和住院治疗率、呼吸系统疾病死亡率和住院治疗率、慢性呼吸系统疾病的暴露剂量 - 反应关系，估算了中国长期 PM_{10} 浓度降低对潜在生命年和出生预期寿命的影响。该研究估算得到 PM_{10} 质量浓度每增加 1 μg/m³，全因死亡率就提高 0.03%；指出与基于欧洲和美国的时间序列研究得到的 0.02%～0.08% 相比，接近相关研究结果的下限[79]。

曹彩虹和韩立岩估算了北京市 2003—2013 年因雾霾患呼吸系统疾病人群的健康经济损失，采用伤残调整生命年（disability adjusted life years，Dalys）和疾病成本法，得出北京市雾霾污染导致的居民健康经济损失 2003 年为 30.85 亿元，2013 年增加到 111.36 亿元[80]。穆泉和张世秋对污染导致的统计寿命年价值（value of a life year，VOLY）损失进行赋值，估算 2001—2013 年全国 $PM_{2.5}$ 重污染带来的统计寿命年总损失，其中北京市 2013 年 $PM_{2.5}$ 重污染导致的过早死亡所带来的健康损失为 17.4 亿元[81]。高婷等对北京市 2011 年 $PM_{2.5}$ 造成的居民健康经济损失进行了评估，采用支付意愿调查法得到居民统计生命价值（VSL）为 66.7 万～133.3 万元；2011 年，北京市大气 $PM_{2.5}$ 污染对非意外总死亡、因呼吸系统及循环系统疾病死亡产生的环境损害成本分别为

27.11 亿～54.19 亿元、3.22 亿～6.43 亿元、8.11 亿～16.21 亿元[82]。赵晓丽等采用修正人力资本法对 2011 年北京市大气中可吸入颗粒物健康损害进行了估计，得出北京市 2011 年可吸入颗粒物污染致死导致的健康损害经济价值为 6.04 亿元，其中心血管疾病损失为 4.27 亿元，呼吸道疾病损失为 1.77 亿元[83]。利用支付意愿法与修正人力资本法评估早逝带来的健康经济损失结果往往存在较大差异[84]。

2014 年安徽省未发布全省 $PM_{2.5}$ 监测数据，仅合肥、芜湖和马鞍山开展了 $PM_{2.5}$ 监测，因此，选取 PM_{10} 作为污染因子，采用人力资本法评估 2014 年大气污染健康损失。

（1）大气污染造成的全死因过早死亡经济损失 EC_{a1}

大气污染造成的全死因过早死亡经济损失为污染引起的早死人数乘以人均人力资本。以各市人均 GDP 作为人力资本参考依据，以平均损失寿命年数内各年人均 GDP 现值之和作为损失的人均人力资本，可得

$$EC_{a1} = P_{ed} \cdot HC_{mu} = P_{ed} \cdot \sum_{i=1}^{t} GDP_{pci}^{pv} \tag{3-1}$$

式中：EC_{a1}——大气污染引起的全死因早死的经济损失，万元；

P_{ed}——现状大气污染水平下造成的全死因早死人数，人；

HC_{mu}——城市人口的人均人力资本，万元 / 人；

GDP_{pci}^{pv}——第 i 年的城市人均 GDP 现值，万元 / 人，由中国城市统计年鉴获得；

t——大气污染引起早死的平均损失寿命年数。

根据 2000 年人口普查的城市人口数据，计算城市居民的年龄别平均期望寿命，结合中国卫生健康统计年鉴中各年龄疾病别死亡率和人口数据计算出的疾病别死亡人数构成，乘以年龄别平均期望寿命，求和后相除得出总人口的疾病别平均损失寿命年数，呼吸系统疾病、心脑血管疾病过早死亡的平均损失寿命年数为 18 年[69]。

式（3-1）中，P_{ed} 计算如式（3-2）所示。

$$P_{ed} = 10^{-5} \cdot \left[\left(RR - 1 \right) / RR \right] f_p P_e \tag{3-2}$$

式中：P_{ed}——现状大气污染水平下造成的全死因过早死亡人数，万人；

f_p——现状大气污染水平下全死因死亡率，1/10 万，数据来自中国卫生健康统计年鉴；

P_e——城市暴露人口，万人，数据来自中国城市统计年鉴；

RR——大气污染引起的全死因死亡相对危险度。

（2）PM_{10} 污染造成的相关疾病住院和休工经济损失 EC_{a2}。

EC_{a2} 计算如式（3-3）所示。

$$EC_{a2} = P_{eh} \cdot \left(C_h + WD \cdot C_{wd}\right) \tag{3-3}$$

式中：C_h——疾病住院成本，包括直接住院成本和交通、营养等间接住院成本，元 / 人次；

WD——疾病休工天数，天 / 人次；

C_{wd}——疾病休工成本，元 / 天，C_{wd}= 人均 GDP/365；

P_{eh}——相关疾病住院增加人次，如式（3-4）计算。

$$P_{eh} = \sum_{i=1}^{n} f_{pi} \frac{\Delta c_i \cdot \beta_i / 100}{1 + \Delta c_i \cdot \beta_i / 100} \tag{3-4}$$

式中：n——大气污染相关疾病，即呼吸系统疾病和心血管疾病等；

f_{pi}——现状大气污染水平下的住院人次，万人次，数据来自中国卫生健康统计年鉴；

β_i——回归系数，即单位污染物浓度变化引起健康危害 i 变化的百分数，%；

Δc_i——实际污染物浓度与健康危害污染物浓度阈值之差，$\mu g/m^3$。

（3）大气污染造成的慢性支气管炎发病、失能的经济损失 EC_{a3}。

EC_{a3} 计算见式（3-5）。

$$EC_{a3} = \gamma \cdot P_{eb} \cdot HC_{mu} = \gamma \cdot P_{eb} \cdot \sum_{i=1}^{t} GDP_{pci}^{pv} \tag{3-5}$$

式中：P_{eb}——大气污染造成的慢性支气管炎新发病人数，人；

HC_{mu}——城市人口的人均人力资本，万元 / 人；

t——大气污染引起的慢性支气管炎早死的平均损失寿命年数；

γ——慢性支气管炎失能损失系数，0.4。

按平均 23 年人力资本损失的 40% 估算慢性支气管炎患病、失能的经济损失。

3.2.3.2 大气污染造成的农业经济损失

农业经济损失主要考虑酸雨和 SO_2 污染对农作物减产的影响。SO_2 浓度和 pH 对水稻、小麦、油菜、棉花、大豆和蔬菜 6 种农作物减产的剂量 - 反应关系参考技术指南中整理的相关参数[68]。

大气污染导致农作物减产的经济损失计算模型如式（3-6）所示。

$$C_{\mathrm{ac}} = \sum_{i=1}^{n} a_i P_i S_i Q_{0i} / 100 \tag{3-6}$$

式中：C_{ac}——大气污染引起农作物减产的经济损失，万元；

P_i——农作物 i 的市场价格，元 /kg ；

S_i——农作物 i 的种植面积，万 hm^2；

Q_{0i}——对照清洁区农作物 i 的单位面积产量，$\mathrm{kg/hm}^2$；

a_i——大气污染引起农作物 i 减产的百分数（剂量 - 反应关系），%；

n——农作物种类，n=1～6，分别代表水稻、小麦、大豆、棉花、油菜和蔬菜。

3.2.3.3 大气污染造成的材料经济损失

大气污染造成的材料经济损失主要考虑酸雨和 SO_2 污染对水泥、砖、铝、油漆木材、大理石 / 花岗岩、陶瓷和马赛克、水磨石 / 水泥、油漆灰、瓦、镀锌钢、涂漆钢、涂漆钢防护网、镀锌防护网 13 种建筑材料的腐蚀影响。参考技术指南中整理的建筑物暴露材料损失计算剂量 - 反应关系和相关参数[68]。

3.2.3.4 大气污染造成的清洁劳务成本

（1）大气降尘污染造成的家庭清洁劳务增加费用。

此项根据式（3-7）计算。

$$C_{\mathrm{h}} = H \cdot \mathrm{GDP}_{\mathrm{pc}} \cdot (\alpha - \alpha_0) \tag{3-7}$$

式中：C_{h}——家庭清洁劳务费用的增加，万元；

H——城市总户数，100 户；

GDP_{pc}——城市人均 GDP，万元 / 人；

α——清洁费用系数，为平均每户清洁劳务费用与人均 GDP 的比值乘以 100，即每百户清洁劳务费用与人均 GDP 的比值。不同污染程度、不同经济规模和人口规模城市的清洁费用系数参考《绿色 GDP（GGDP/EDP）核算技术指南（试用）》，根据调查数据进行相关分析得出的推荐数据[50]。

α_0——清洁对照区的基准清洁费用系数；参考《绿色 GDP（GGDP/EDP）核算技术指南（试用）》，取值为每 100 户 0.876 元[50]。

（2）社会清洁费用和劳务成本核算。

此项包括因污染增加的公交车辆、出租车辆、道路和建筑的清洁费用。

1）公交车辆清洁费用增加的估算见式（3-8）。

$$C_b = \Delta C_b \cdot Q_b \tag{3-8}$$

式中：C_b——污染城市公交车辆每年增加的总清洁和劳务费用，万元；

ΔC_b——污染城市平均每辆车增加的清洁和劳务费用，元 /（辆 · a）；

Q_b——污染城市公交车辆标准运营数量，万辆。

2）出租车辆清洁费用增加的估算见式（3-9）。

$$C_t = \Delta C_t \cdot Q_t \tag{3-9}$$

其中，ΔC_t= 出租车基准清洁费用 × 出租车清洁费用增加系数 × 出租车清洗次数；

式中：C_t——污染城市出租车辆每年增加的总清洁和劳务费用，万元；

ΔC_t——污染城市平均每辆出租车增加的清洁和劳务费用，元 /（辆 · a）；

Q_t——污染城市出租车辆标准运营数量，万辆。

3）道路清洁费用增加的估算见式（3-10）。

$$C_s = \Delta C_s \cdot L_s \tag{3-10}$$

式中：C_s——污染城市道路增加的总清洁和劳务费用，万元；

ΔC_s——污染城市道路单位面积平均增加的清洁和劳务费用，元 /m^2；

L_s——城市道路总面积，万 m^2。

4）建筑清洁费用增加的估算见式（3-11）。

$$C_c = \sum_{i=1}^{n} \Delta C_{ci} \cdot S_i \quad (3-11)$$

式中：C_c——污染城市建筑物暴露面积增加的总清洁和劳务费用，万元；

ΔC_{ci}——污染城市 i 种材料的建筑物单位暴露面积平均增加的清洁费用，元 /m^2；

S_i——i 种建筑材料的暴露面积，万 m^2；

n——建筑材料种类，包括玻璃、水泥、砖、铝、塑钢、油漆木材、大理石 / 花岗岩、陶瓷和马赛克、水磨石以及涂料 / 油漆灰 10 种。

3.2.3.5 水污染造成的健康经济损失

水污染造成的健康经济损失估算主要统计农村人口中取水方式为非自来水供水的人群相对于取水方式为自来水供水的人群增加的恶性肿瘤死亡人数。水污染造成的健康损失价值量核算主要考虑饮用水污染带来的恶性肿瘤死亡造成的经济损失。对照病例研究表明饮用水污染造成恶性肿瘤死亡的相对危险比值（odds ratio，OR）为 1.50，据此进行恶性肿瘤过早死亡的保守估算。

饮用水污染造成的恶性肿瘤过早死亡人数的估算见式（3-12）～式（3-14）。

$$P_{ed} = 10^{-5} \cdot (f_p - f_t) P_e \quad (3-12)$$

$$f_p = f_t \cdot \mathrm{OR} \quad (3-13)$$

$$P_{ed} = 10^{-5} \left[(\mathrm{OR} - 1) / \mathrm{OR} \right] f_p P_e \quad (3-14)$$

式中：P_{ed}——现状水污染条件下造成的恶性肿瘤过早死亡人数，万人；

f_p——水污染条件下恶性肿瘤的现状死亡率，1/10 万；

f_t——清洁条件下恶性肿瘤的死亡率，1/10 万；

OR——饮用水污染引起的恶性肿瘤相对危险比值。

采用人力资本法估算饮用水污染造成的恶性肿瘤过早死亡的经济损失。饮用水污染造成的恶性肿瘤过早死亡的经济损失（EC_{w2}）见式（3-15）。

$$EC_{w2} = P_{ed} \cdot HC_{mr} = P_{ed} \cdot \sum_{i=1}^{t} GDP_{pci}^{pv} \quad (3-15)$$

式中：t——水污染引起的恶性肿瘤早死的平均损失寿命年数，根据分年龄组的恶性肿瘤死亡率，恶性肿瘤早死的平均损失寿命年数为 21 年；

HC_{mr}——农村人口的人均人力资本，万元 / 人；

GDP_{pci}^{pv}——第 i 年的农村人均 GDP，万元 / 人。

3.2.3.6 水污染造成的农业经济损失

本研究利用不符合农业生产水质的水量和水资源的农业生产影子价格来计算水污染造成的农业经济损失，即采用劣Ⅴ类农业用水量与农业生产水资源价格对水污染造成的农业经济损失进行估算，计算模型见式（3-16）。

$$EC_{wa} = Q_{ae} \cdot P_{a} \tag{3-16}$$

式中：EC_{wa}——水污染造成的农业经济损失，元；

Q_{ae}——劣Ⅴ类水质农业用水量，m^3；

P_{a}——农业用水的影子价格，元 /m^3。

何静和陈锡康利用动态投入产出优化模型对我国九大流域的水资源影子价格进行了研究[85]，以此为基础，生态环境部环境规划院以 73 个计算单元的农业用水量为权重计算得到全国 31 个省（区、市）的水资源价格，再利用价格指数，计算出 2013 年各省（区、市）的农业用水影子价格[69]。参考相关研究结果，安徽省农业用水影子价格为 3.6 元 /m^3。

3.2.3.7 污染型缺水造成的经济损失

结合流域自然、地理特点以及经济发展和开发利用现状，安徽省取水资源利用率在长江流域按 40%，淮河流域按 80% 计。超标水量比例简化以超标河长比例进行评价。评价上限取满足地表水Ⅲ类标准的河长比例，下限取满足工业用水功能的Ⅳ类标准的河长比例，超标河长比例根据各市水资源公报数据计算。

评价污染型缺水造成的经济损失的核算方法是计算缺水带来的边际效益损失，即以水资源的影子价格计算经济损失，计算模型见式（3-17）。

$$EC_{wp} = Q_{lp} \cdot P_{s} \tag{3-17}$$

式中：EC_{wp}——污染型缺水造成的经济损失，元；

Q_{lp}——污染型缺水量，m^3；

P_s——水资源的影子价格，元 /m^3。

3.2.3.8 水污染产生的工业用水额外治理成本

工业用水额外治理成本是指由于供水水质未达到地表水Ⅳ类水质标准，某些对水质要求较严格的特殊行业（如食品加工和制造业、医药制造业、纺织印染业、化工制造业）需要额外安装预处理设施或添加特殊药剂增加的治理成本。水污染造成的工业用水额外治理成本的计算见式（3-18）。

$$EC_i = Q_{ie} \cdot P_i \tag{3-18}$$

式中：EC_i——水污染造成的工业用水额外治理成本，元；

Q_{ie}——未达到Ⅳ类水质工业用水量，m^3；

P_i——工业用水平均额外治理成本，元 /m^3。

其中，未达到Ⅳ类水质的工业用水量数据来自于水利部门。根据相关调查结果，安徽省工业用水平均额外治理成本取 4.73 元 / m^3[69]。

3.2.3.9 水污染造成的城市生活经济损失

水污染造成的生活用水额外治理成本的计算见式（3-19）。

$$EC_{wl} = Q_{we} \cdot P_w \tag{3-19}$$

式中：EC_{wl}——水污染造成的生活用水额外治理成本，元；

Q_{we}——未达到Ⅲ类水质的饮用水水源的供水量，m^3；

P_w——生活用水平均额外治理成本，元 /m^3。

根据相关调查结果，安徽省生活用水平均额外治理成本取值为 2.75 元 /m^3。

3.2.3.10 固体废物占地造成的经济损失

土地用于种植农作物、植树造林等每年可获得一定的收益，而堆放固体废物则失去了这项使用价值。这部分的经济损失采用机会成本法加以核算。

固体废物占地造成的经济损失核算包括工业固废新增储存堆放量造成的

新增侵占土地、城市生活垃圾新增堆放量造成的土地机会成本损失。

固体废物当年占地经济损失见式（3-20）。

$$L_{当年} = E \cdot S \tag{3-20}$$

式中：$L_{当年}$——固体废物当年占地经济损失，万元；

E——土地综合经济价值系数，万元 / 亩①；

S——当年固体废物储存、排放占用土地面积，亩。

综合利用是安徽省工业固体废物的主要处理方式，卫生填埋是城镇生活垃圾的主要处理方式。根据调研及安徽省历年统计数据，安徽省固体废物储存占地面积与当年储存量比值在 1.5 万 m^2/ 万 t～3.5 万 m^2/ 万 t。工业固体废物新增储存量和生活垃圾新增堆放量采用实物量核算数据。各市固体废物占地的单位面积综合经济价值参考安徽省人民政府印发的《关于调整安徽省征地补偿标准的通知》（皖政〔2015〕24 号）中有关规定[86]。

3.3 生态系统生产总值（GEP）核算技术路线

3.3.1 GEP 核算内容

生态系统为人类提供物质产品服务、调节服务、文化服务和支持服务。生态系统生产总值（GEP）也被称为生态产品总值，是指生态系统为人类经济社会发展提供的物质产品服务价值（material services value，MV）、调节服务价值（regulating services value，RV）和文化服务价值（cultural services value，CV）的总和，见式（3-21）。

$$\text{GEP=MV+RV+CV} \tag{3-21}$$

生态系统生产总值可以从实物量和价值量两个角度核算。实物量（biophysical value）核算是指统计生态系统物质产品的产量、调节服务和文化服务的实物量，本核算针对物质产品实物量统计了农、林、牧、渔业产品产量，调节服务实物量核算包括水源涵养量、洪水调蓄量、土壤保持量、空气净化量（净化二氧化硫、氮氧化物和颗粒物的量）、水质净化量（净化 COD、

① 1 亩 =1/15 hm^2。

总氮和总磷的量）、碳固定量、氧气提供量、气候调节（植被蒸腾和水面蒸发消耗的能量）、物种保育（珍稀濒危物种数量和保护区面积）等，文化服务实物量统计了休闲旅游景点旅游人数等。国内土地、房产价值受影响因素较多，生态系统景观价值研究基础薄弱，故未纳入本次GEP核算研究。实物量核算比较直观，不需要考虑价值转换，但由于计量单位的不同，不同生态系统产品产量和服务量难以加总和比较。

价值量（monetary value）核算是指将不同生态系统产品产量与服务量转化为货币单位的产出，加总获得一个区域在一段时间的生态系统产品与服务产出价值总量，即该区域生态系统生产总值。生态系统生产总值核算可以为揭示生态系统对人类经济社会发展的贡献、评估生态保护成效和效益、制定有利于生态产品价值转化的决策提供科学支撑。

3.3.2 GEP核算区域

安徽省大别山区被列为国家水土保持重点生态功能区、水源涵养和生物多样性保护重点区，是华东地区重要的生态屏障。安徽省大别山革命老区也被列为全国14个集中连片特困地区之一，长期处于经济欠发达、发展相对落后的状况。六安市位于安徽省西部、大别山北麓、江淮之间，处于重点生态功能区与革命老区、深度贫困地区交叠的区域，生态区位特殊、敏感而重要，具有典型意义，因此选取六安市作为GEP核算区域。

3.3.3 GEP核算技术路线

本书参考《陆地生态系统生产总值（GEP）核算技术指南》，根据研究区域安徽省大别山重点生态功能区（六安市）的生态特征，将生态系统类型划分为森林、湿地、草地、农田和城镇等生态系统；生态系统服务由物质产品供给、调节服务和文化服务三大类构成，其中，调节服务包括水源涵养、土壤保持、洪水调蓄、碳固定、氧气提供、空气净化、水质净化、气候调节和物种保育。通过对生态系统服务实物量与价值量评估，核算得出区域的GEP。GEP核算技术路线如图3-2所示。

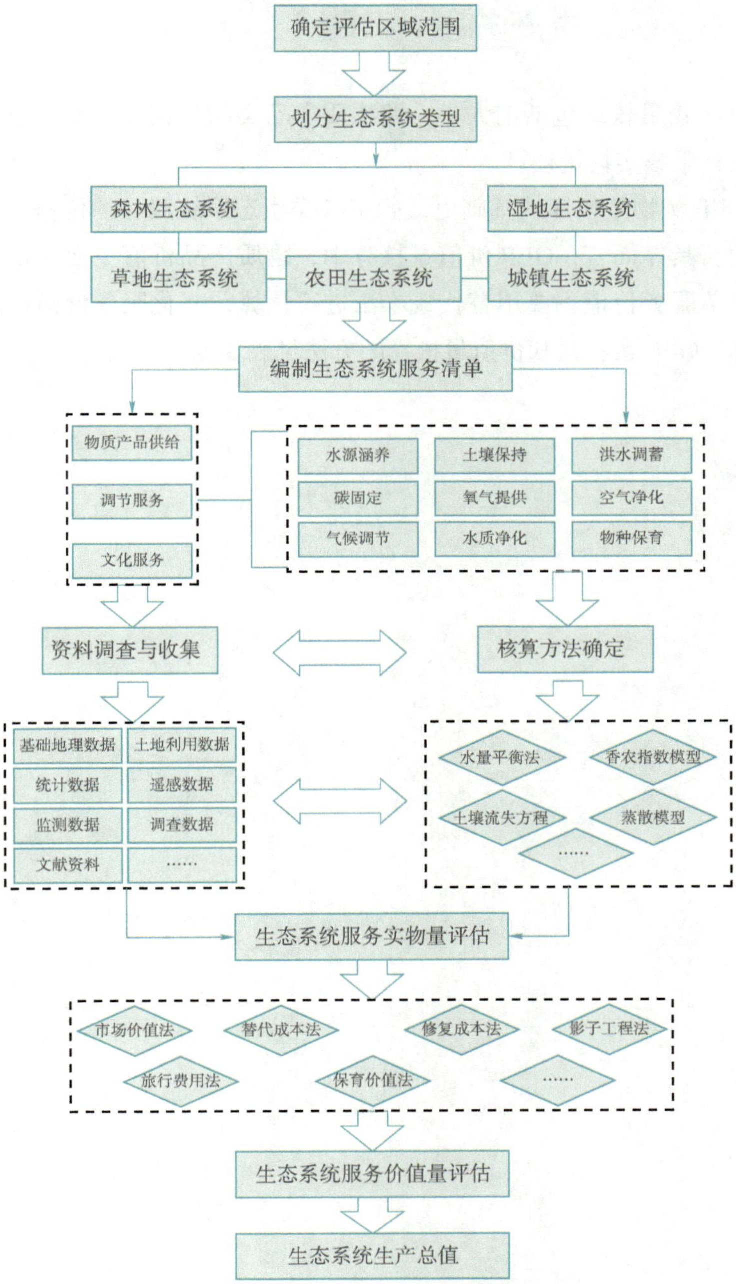

图 3-2 生态系统生产总值核算技术路线

3.4 生态系统生产总值（GEP）核算方法

GEP 实物量核算包括三大类，即物质产品实物量核算、调节服务实物量核算、文化服务实物量核算。

在 GEP 实物量核算的基础上，确定各类生态系统服务的价格，核算生态服务价值。具体而言，GEP 价值量核算中，物质产品价值主要用市场价值法核算，调节服务价值主要用替代成本法进行核算，文化服务价值使用市场价值法核算。GEP 实物量和价值量核算的方法见表 3-5。

表 3-5 GEP 实物量和价值量核算方法汇总

类别	核算项目	实物量指标	实物量核算方法	价值量指标	价值量核算方法
物质产品	农产品	农产品产量	引用统计年鉴数据	农产品产值	市场价值法（农林牧渔产品产值引用统计年鉴数据）
	林产品	林产品产量		林产品产值	
	畜牧业产品	畜牧业产品产量		畜牧业产品产值	
	渔业产品	渔业产品产量		渔业产品产值	
调节服务	水源涵养	水源涵养量	水量平衡法［降水—径流—蒸（散）发］	蓄水保水价值	影子工程法（水库建设成本替代法）
	土壤保持	减少泥沙淤积	修正的通用水土流失方程（RUSLE），24% 的淤积率	减少水库泥沙淤积价值	替代成本法［清淤工程（挖取土方）替代法］
		减少面源污染—氮	修正的通用水土流失方程（RUSLE），土壤中氮含量	减少氮面源污染价值	替代成本法（依据《中华人民共和国环境保护税法》的征收标准）
		减少面源污染—磷	修正的通用水土流失方程（RUSLE），土壤中磷含量	减少磷面源污染价值	替代成本法（依据《中华人民共和国环境保护税法》的征收标准）
	洪水调蓄	湖泊调蓄量	水量储存模型（可调蓄水量）	洪水调蓄价值	影子工程法（水库建设成本替代法）
		水库调蓄量	水量储存模型（防洪库容）		
		沼泽调蓄量	水量储存模型（滞水量）		

续表

类别	核算项目	实物量指标	实物量核算方法	价值量指标	价值量核算方法
调节服务	空气净化	净化二氧化硫量	污染物净化模型	净化二氧化硫价值	替代成本法（依据《中华人民共和国环境保护税法》的征收标准）
		净化氮氧化物量		净化氮氧化物价值	替代成本法（依据《中华人民共和国环境保护税法》的征收标准）
		净化颗粒物量		净化颗粒物价值	$PM_{2.5}$ 排放造成的健康经济损失
	水质净化	水环境容量（COD_{Cr}）	污染物净化模型	COD_{Cr} 治理价值	替代成本法（依据《中华人民共和国环境保护税法》的征收标准）
		水环境容量（氨氮）		氨氮治理价值	替代成本法（依据《中华人民共和国环境保护税法》的征收标准）
	固碳释氧	固定二氧化碳量	固碳机理模型（净生态系统生产力法）	固定二氧化碳价值	市场价值法（碳市场交易价格）
		氧气提供量	释氧机理模型（光合作用方程）	氧气提供价值	市场价值法（医用氧气市场价格）
	气候调节	植被蒸腾消耗能量	蒸散模型（拟合 Budyko 曲线的经验公式，经验参数）	植被蒸腾调节温湿度价值	替代成本法（人工调节温度和湿度所需要的耗电量，工业电价）
		水面蒸发消耗能量		水面蒸发调节温湿度价值	
	物种保育	物种保育的实物量	自然保护区面积	物种保育价值	保育价值法（自然保护区单位面积保育成本）
文化服务	休闲旅游	国内外来旅游人次	统计年鉴数据查询	游憩康养价值	费用支出法（自然景观的旅游收入占总旅游收入的 70%）

第 4 章 ↘

安徽省绿色 GDP 核算试点

4.1 安徽省生态环境状况

4.1.1 社会经济发展状况

安徽地处长江中下游华东腹地，是承东启西的重要纽带，地跨淮河、长江和新安江三大流域，淮河干流和长江干流自西向东横穿全省，位于中部的巢湖是我国五大淡水湖之一，新安江发源于安徽南部山区。安徽自南向北处于亚热带向暖温带气候过渡带。全省地势西南高、东北低，地形地貌多样复杂，主要分为五大区域——淮北平原、江淮丘陵、沿江平原、皖西大别山区和皖南山区。淮北平原是全国商品粮重要生产基地，粮食主产区之一。江淮丘陵地区城镇化水平较高，工业较发达，合肥都市圈打造全省核心增长极。皖西大别山区和皖南山区是长江、淮河和钱塘江水系诸多中小型河流的发源地及水库水源涵养区，也是我国生物多样性重点保护区域，沿江、沿淮及巢湖湿地具有重要的洪水调蓄功能和维护生物多样性功能[87, 88]。

截至 2014 年年底，全省常住人口 6 082.9 万人，城镇化率 49.2%。GDP 为 20 848.8 亿元，三次产业结构为 11.5：53.7：34.8，其中工业增加值占 GDP 比重为 46%。人均 GDP 为 34 427 元[89]。

4.1.2 水环境质量状况

2014 年全省地表水总体水质状况为轻度污染。246 个地表水监测断面（点位）中，Ⅰ～Ⅲ类水质断面（点位）占 67.9%，水质状况为优良；劣Ⅴ类水质断面（点位）占 9.8%，水质状况为重度污染[90]。

2014 年省辖淮河流域总体水质状况为中度污染，监测的 45 条河流 87 个断面中，Ⅱ、Ⅲ类水质断面占 43.7%；劣Ⅴ类水质断面占 20.7%。省辖长江流域总体水质状况为良好，监测的 39 条河流 70 个断面中，Ⅰ～Ⅲ类水质断面占 81.4%，劣Ⅴ类水质断面占 1.4%。巢湖湖体全湖平均水质为Ⅳ类、轻度污染，呈轻度富营养状态。其中，东半湖水质为Ⅳ类、轻度污染，呈轻度富营养状态；西半湖水质为Ⅴ类、中度污染，呈中度富营养状态。环湖河流总体水质状况为中度污染，监测的 11 条河流 19 个断面中，Ⅱ、Ⅲ类水质断面占

68.4%，水质状况为优良；劣Ⅴ类水质断面占 26.3%，水质状况为重度污染。11 条环湖河流中，有 1 条河流水质为优、5 条为良好、1 条为轻度污染、4 条为重度污染。省辖新安江流域总体水质状况为优。全省其他 27 座湖泊、水库总体水质状况为优。龙感湖和高塘湖水体呈轻度富营养状态[90]。

4.1.3 大气环境质量状况

2014 年 1 月 8 日，为深入落实《大气污染防治行动计划》，加强区域大气污染防治联动，长三角三省一市建立了长三角区域大气污染防治协作机制，统筹协同控制大气环境质量，安徽省纳入长三角地区大气污染管控。根据国家空气质量考核约束性指标，安徽省到 2020 年未达标城市 $PM_{2.5}$ 年均质量浓度要达到 47 μg/m^3，优良天数比例（较 2015 年提高 5%）达到 82.9%。

2014 年安徽省二氧化硫和二氧化氮年均质量浓度达到《环境空气质量标准》（GB 3095—2012）二级标准，PM_{10} 年均浓度超出二级标准 35.7%，仅黄山和池州两市达标。马鞍山、芜湖、滁州、合肥、宣城、铜陵、池州和黄山 8 个城市出现酸雨，酸雨频率范围为 1.8%（马鞍山）～78.8%（黄山）。2014 年未公布全省 $PM_{2.5}$ 年均质量浓度。合肥市、芜湖市和马鞍山市 $PM_{2.5}$ 年均质量浓度分别为 83 μg/m^3、67 μg/m^3、68 μg/m^3，均超过《环境空气质量标准》二级浓度限值[90]。2014 年全省及各市大气环境三项指标年均质量浓度见表 4-1。

表 4-1　2014 年安徽省及各市大气环境三项指标年均质量浓度　　单位：μg/m^3

城市	SO_2 年均质量浓度	NO_2 年均质量浓度	PM_{10} 年均质量浓度
合 肥	22	31	113
淮 北	23	37	102
亳 州	35	35	96
宿 州	26	31	93
蚌 埠	23	41	115
阜 阳	26	25	87
淮 南	28	26	107
滁 州	16	20	97
六 安	15	21	105
马鞍山	29	35	108

续表

城市	SO_2 年均质量浓度	NO_2 年均质量浓度	PM_{10} 年均质量浓度
芜 湖	27	28	96
宣 城	31	30	91
铜 陵	56	37	106
池 州	29	30	59
安 庆	19	30	90
黄 山	14	17	52
全 省	26	30	95

4.1.4 主要污染物排放情况

2014 年安徽省废水排放量为 32.84 亿 t，COD 排放量为 88.56 万 t，氨氮排放量为 10.05 万 t，二氧化硫、烟尘和氮氧化物排放量分别为 49.30 万 t、65.28 万 t 和 80.73 万 t，工业固体废物的储存量为 893.95 万 t，新增城镇生活垃圾堆放量为 503.03 万 t。

4.2 基于虚拟治理成本的 GDP 扣减指数核算

以环境统计和其他相关统计为基础数据，对 2014 年全省 16 个市和各产业部门的水污染、大气污染和固体废物的实物量、虚拟治理成本进行了核算，得出了经环境调整的 GDP 核算结果。

按产业部门核算水污染物实物量，生活污水排放量占比最高（占比为 61.67%）；农业废水是 COD 排放的主要来源（占比为 45.85%），生活污水是氨氮排放的主要来源（占比为 69.36%）；畜禽养殖业废水排放达标率仅为 30.3%，亟待提高。工业废水中造纸和食品加工业 COD 去除率低于全省平均水平（87.2%），造纸、食品加工和纺织业氨氮去除率低于全省平均水平（85.6%），造纸和食品加工业废水处理水平有待提高；造纸、化纤、有色采选、饮料制造和化工行业的万元工业增加值 COD 排放量分别为 20.5 kg/ 万元、9.5 kg/ 万元、4.1 kg/ 万元、3.4 kg/ 万元和 2.6 kg/ 万元，远大于安徽省工业行业平均万元工业增加值 COD 排放量的平均水平（0.88 kg/ 万元）。

按行政区域核算水污染物实物量，万元 GDP 的 COD 排放量排名前五位的城市分别是阜阳（10.1 kg/ 万元）、亳州（9.0 kg/ 万元）、宿州（8.9 kg/ 万元）、六安（7.6 kg/ 万元）和滁州（6.1 kg/ 万元），均高于全省平均水平（4.5 kg/ 万元）；阜阳、池州、马鞍山、滁州、宣城等市的城镇生活污水处理能力有待提高，二级、三级处理比例较低。

主要大气污染物 SO_2、烟（粉）尘和 NO_x 排放中，工业废气占比均最大，分别为 89.4%、89.7% 和 68.9%。非金属矿制品业、电力、黑色冶金业、造纸和其他制造业是万元工业增加值 SO_2 排放量前五位的行业，电力、非金属矿制品业、化纤、造纸和黑色冶金业是万元工业增加值 NO_x 排放量前五位的行业。这些行业的万元增加值大气污染物排放均高于全省平均水平。黑色冶金业、化工行业 SO_2 和 NO_x 去除率低于全省平均水平。

按地区大气污染物实物量核算的结果显示，淮南、马鞍山、淮北、合肥和芜湖 SO_2 去除率均低于全省平均水平（85.9%），淮南、淮北、马鞍山、铜陵和池州万元 GDP SO_2 排放量均高于全省平均水平。

2014 年，安徽省环境污染虚拟治理成本为 165.2 亿元。其中，水污染、大气污染、固体废物虚拟治理成本分别为 73.2 亿元、85.5 亿元和 6.4 亿元，分别占总虚拟治理成本的 44.3%、51.8% 和 3.9%。2014 年安徽省环境污染虚拟治理成本占 GDP 的比例为 0.79%。各产业部门污染治理成本核算情况见表 4-2，安徽省及各市经环境调整的 GDP 增加值及 GDP 增加值污染扣减指数核算结果见表 4-3。

2014 年，安徽省废气虚拟治理成本是实际治理成本的 1.1 倍，废水虚拟治理成本是实际治理成本的 1.8 倍，表明要改善环境质量，减缓环境污染的不利影响，按现有技术经济水平对排放的污染物进行治理还需要投入大量资金。电力、化纤、非金属矿物制品、有色金属矿采选、造纸、化工、皮革和黑色冶金等行业的污染扣减指数较大（表 4-4），需要加大环境治理投入。按地区核算结果显示，马鞍山、合肥、淮南、铜陵和芜湖位列实际污染治理成本前五位，亳州、六安和阜阳的实际污染治理投入严重不足。

表 4-2　2014 年安徽省各产业部门污染治理成本核算汇总

行业		水污染 / 万元		大气污染 / 万元		固体废物 / 万元		合计 / 万元	
		实际	虚拟	实际	虚拟	实际	虚拟	实际	虚拟
第一产业	种植业	—	—	—	—	—	—	—	—
	畜牧业	6 6502.36	246 774.03	—	—	—	—	66 502.36	246 774.03
	农村生活	6 481.44	123 147.35	45 444.72	91 939.56	—	—	51 926.16	215 086.91
	小计	72 983.80	369 921.37	45 444.72	91 939.56	—	—	118 428.52	461 860.93
第二产业	煤炭开采和洗选业	8 204.70	8 065.81	2 707.90	1 376.87	5 620.99	8 826.99	16 533.59	18 269.67
	石油和天然气开采业	89.50	7.99	0.00	6.15	0.00	0.00	89.50	14.14
	黑色金属矿采选业	4 492.17	797.90	440.10	81.47	19 707.21	5 968.29	24 639.47	6 847.66
	有色金属矿采选业	4 100.55	1 305.65	20.00	2.74	5 213.52	3 996.59	9 334.07	5 304.97
	非金属矿采选业	1 204.96	598.41	547.00	337.39	207.49	696.98	1 959.45	1 632.78
	开采辅助活动	0.00	0.03	0.00	18.56	0.00	0.00	0.00	18.58
	其他采矿业 *	—	—	—	—	—	—	—	—
	农副食品加工业	5 790.34	16 856.19	885.00	1 265.16	74.60	0.11	6 749.95	18 121.46
	食品制造业	3 879.89	4 336.67	690.80	864.20	7.46	0.00	4 578.14	5 200.87
	酒、饮料和精制茶制造业	6 431.70	5 616.72	793.40	1 111.40	111.72	0.20	7 336.82	6 728.32
	烟草制品业	1 233.32	400.14	37.00	291.15	1 967.59	1 581.65	3 237.91	2 272.94
	纺织业	3 427.02	4 352.30	639.70	599.08	78.00	4.30	4 144.72	4 955.67
	纺织服装、服饰业	284.38	1 287.66	111.50	112.52	6.23	0.00	402.11	1 400.18

续表

行业		水污染 / 万元		大气污染 / 万元		固体废物 / 万元		合计 / 万元	
		实际	虚拟	实际	虚拟	实际	虚拟	实际	虚拟
第二产业	皮革、毛皮、羽毛及其制品和制鞋业	1 171.97	6 288.25	160.90	122.64	69.33	2.73	1 402.20	6 413.62
	木材加工和木、竹、藤、棕、草制品业	795.20	573.43	2 458.80	882.20	4.23	0.47	3 258.23	1 456.11
	家具制造业	44.54	28.92	15.90	72.49	1.51	0.00	61.95	101.40
	造纸和纸制品业	13 267.08	7 047.10	3 110.80	4 407.85	389.29	0.05	16 767.17	11 455.01
	印刷和记录媒介复制业	47.43	188.80	91.30	89.64	175.13	0.00	313.87	278.44
	文教、工美、体育和娱乐用品制造业	69.29	13.61	127.10	54.24	10.70	0.00	207.09	67.86
	石油加工、炼焦和核燃料加工业	15 013.27	1 049.69	6 234.00	1 579.70	7 293.90	2.64	28 541.17	2 632.03
	化学原料和化学制品制造业	34 024.09	34 450.44	17 595.10	7 918.68	7 223.45	2 068.37	58 842.64	44 437.49
	医药制造业	3 647.99	3 152.41	418.10	499.54	230.19	36.59	4 296.28	3 688.54
	化学纤维制造业	3 829.47	3 603.56	1 095.00	1 305.86	12.19	0.00	4 936.66	4 909.42
	橡胶和塑料制品业	537.52	920.51	794.10	1 335.76	438.61	4.80	1 770.24	2 261.07
	非金属矿物制品业	16 264.64	741.93	62 357.60	127 872.94	344.00	4.51	78 966.24	128 619.38
	黑色金属冶炼和压延加工业	71 171.53	1 005.51	170 820.50	32 518.71	1 141.46	13.69	243 133.49	33 537.91
	有色金属冶炼和压延加工业	6 477.99	323.09	23 933.40	2 034.61	4 493.13	126.61	34 904.52	2 484.31
	金属制品业	2 321.25	679.00	4 301.60	564.82	675.17	302.05	7 298.02	1 545.87
	通用设备制造业	1 477.69	859.98	414.20	198.75	485.43	22.69	2 377.32	1 081.41

续表

行业		水污染 / 万元		大气污染 / 万元		固体废物 / 万元		合计 / 万元	
		实际	虚拟	实际	虚拟	实际	虚拟	实际	虚拟
第二产业	专用设备制造业	1 332.10	441.84	190.20	167.89	233.23	19.25	1 755.53	628.99
	汽车制造业	2 721.12	1 239.80	874.70	313.32	3 430.72	16.97	7 026.53	1 570.09
	铁路、船舶、航空航天和其他运输设备制造业	247.78	222.56	858.60	54.68	84.28	0.26	1 190.66	277.51
	电气机械和器材制造业	5 059.28	763.02	3 152.20	215.10	1 964.50	23.51	10 175.98	1 001.63
	计算机、通信和其他电子设备制造业	7 824.84	1 225.76	477.70	263.64	3 910.03	321.76	12 212.57	1 811.15
	仪器仪表制造业	9.28	32.93	0.00	0.00	0.11	1.86	9.39	34.79
	其他制造业	169.41	216.29	158.30	601.97	350.19	0.01	677.90	818.28
	废弃资源综合利用业	237.36	0.00	380.70	150.99	369.09	16.59	987.16	167.57
	金属制品、机械和设备修理业	170.13	0.00	0.00	2.11	0.49	0.04	170.63	2.14
	电力、热力生产和供应业	10 320.56	1 407.66	352 638.70	111 445.03	907.22	241.17	363 866.48	113 093.86
	燃气生产和供应业 *	—	—	—	—	—	—	—	—
	水的生产和供应业 *	—	—	—	—	—	—	—	—
	小计	237 391.35	110 101.55	659 531.90	300 739.86	67 232.46	24 301.87	964 155.71	435 143.28
第三产业		26 403.67	74 338.21	18 777.58	37 839.60	—	—	45 181.25	112 177.81
城市生活		63 091.51	177 630.98	48 772.17	424 506.12	28 720.20	40 196.40	140 583.88	642 333.50
合计		399 870.33	731 992.11	772 526.37	855 025.14	95 952.66	64 498.27	1 268 358.25	1 651 515.51

注：带 * 号的三个行业未获得相关污染物排放数据。

表 4-3　2014 年安徽省及各市经环境调整的 GDP 及 GDP 污染扣减指数核算结果

地区	虚拟治理成本 / 亿元				GDP/ 亿元	经虚拟治理成本调整的 GDP/ 亿元	GDP 污染扣减指数 /%
	水污染	大气污染	固体废物	合计			
	（1）	（2）	（3）	（4）=（1）+（2）+（3）	（6）	（5）=（6）-（4）	（7）=（4）/（6）
安徽省	73.20	85.50	6.45	165.15	20 848.75	20 683.6	0.79
合肥市	7.85	9.75	0.26	17.85	5 180.56	5 162.71	0.34
淮北市	2.36	3.70	0.30	6.36	759.64	753.28	0.84
亳州市	5.85	5.01	0.39	11.25	883.63	872.38	1.27
宿州市	7.75	5.77	0.69	14.20	1 140.53	1 126.33	1.25
蚌埠市	4.30	3.63	0.13	8.05	1 151.19	1 143.14	0.70
阜阳市	9.07	8.20	0.71	17.99	1 188.97	1 170.98	1.51
淮南市	3.26	8.32	0.98	12.56	789.32	776.76	1.59
滁州市	5.64	5.83	0.40	11.87	1 214.39	1 202.52	0.98
六安市	6.51	4.92	0.45	11.88	1 095.81	1 083.93	1.08
马鞍山市	2.58	6.70	0.63	9.90	1 333.12	1 323.22	0.74
芜湖市	4.12	6.60	0.16	10.88	2 309.55	2 298.67	0.47
宣城市	4.27	4.54	0.43	9.24	917.63	908.39	1.01
铜陵市	1.27	2.99	0.43	4.69	716.31	711.62	0.65
池州市	1.59	2.79	0.17	4.55	517.17	512.62	0.88
安庆市	5.43	5.61	0.21	11.25	1 544.32	1 533.07	0.73
黄山市	1.34	1.16	0.09	2.59	507.17	504.58	0.51

表 4-4　2014 年安徽省各产业部门经环境调整的 GDP 增加值及 GDP 增加值污染扣减指数

行业		增加值 / 万元	虚拟治理成本 / 万元	经虚拟治理成本调整的增加值	污染扣减指数 /%
		①	②	③ = ① - ②	② / ①
第一产业		24 818 920.00	461 860.93	24 357 059.07	1.86
第二产业	煤炭开采和洗选业	4 531 574.00	18 269.67	4 513 304.33	0.40
	石油和天然气开采业	—	14.14	—	—
	黑色金属矿采选业	1 874 214.00	6 847.66	1 867 366.34	0.37
	有色金属矿采选业	311 757.00	5 304.97	306 452.03	1.70
	非金属矿采选业	584 424.00	1 632.78	582 791.22	0.28
	开采辅助活动	3 020.00	18.58	3 001.42	0.62
	其他采矿业	—	—	—	—
	农副食品加工业	4 866 350.00	18 121.46	4 848 228.54	0.37
	食品制造业	1 365 361.00	5 200.87	1 360 160.13	0.38
	酒、饮料和精制茶制造业	2 074 354.00	6 728.32	2 067 625.68	0.32
	烟草制品业	2 847 509.00	2 272.94	2 845 236.06	0.08
	纺织业	2 135 226.00	4 955.67	2 130 270.33	0.23
	纺织服装、服饰业	2 338 017.00	1 400.18	2 336 616.82	0.06
	皮革、毛皮、羽毛及其制品和制鞋业	905 587.00	6 413.62	899 173.38	0.71
	木材加工和木、竹、藤、棕、草制品业	1 348 640.00	1 456.11	1 347 183.89	0.11

续表

行业		增加值 / 万元	虚拟治理成本 / 万元	经虚拟治理成本调整的增加值	污染扣减指数 /%
		①	②	③ = ① - ②	② / ①
第二产业	家具制造业	694 859.00	101.40	694 757.60	0.01
	造纸和纸制品业	688 117.00	11 455.01	676 661.99	1.66
	印刷和记录媒介复制业	1 028 300.00	278.44	1 028 021.56	0.03
	文教、工美、体育和娱乐用品制造业	1 044 915.00	67.86	1 044 847.14	0.01
	石油加工、炼焦和核燃料加工业	1 046 010.00	2 632.03	1 043 377.97	0.25
	化学原料和化学制品制造业	5 192 789.00	44 437.49	5 148 351.51	0.86
	医药制造业	1 763 495.00	3 688.54	1 759 806.46	0.21
	化学纤维制造业	211 980.00	4 909.42	207 070.58	2.32
	橡胶和塑料制品业	3 115 309.00	2 261.07	3 113 047.93	0.07
	非金属矿物制品业	6 375 074.00	128 619.38	6 246 454.62	2.02
	黑色金属冶炼和压延加工业	4 947 269.00	33 537.91	4 913 731.09	0.68
	有色金属冶炼和压延加工业	3 792 149.00	2 484.31	3 789 664.69	0.07
	金属制品业	2 866 460.00	1 545.87	2 864 914.13	0.05
	通用设备制造业	4 750 867.00	1 081.41	4 749 785.59	0.02
	专用设备制造业	3 411 218.00	628.99	3 410 589.01	0.02

续表

行业		增加值 / 万元	虚拟治理成本 / 万元	经虚拟治理成本调整的增加值	污染扣减指数 /%
		①	②	③ = ① − ②	② / ①
第二产业	汽车制造业	4 689 366.00	1 570.09	4 687 795.91	0.03
	铁路、船舶、航空航天和其他运输设备制造业	472 861.00	277.51	472 583.49	0.06
	电气机械和器材制造业	10 295 036.00	1 001.63	10 294 034.37	0.01
	计算机、通信和其他电子设备制造业	4 318 177.00	1 811.15	4 316 365.85	0.04
	仪器仪表制造业	544 465.00	34.79	544 430.21	0.01
	其他制造业	237 847.00	818.28	237 028.72	0.34
	废弃资源综合利用业	1 033 967.00	167.57	1 033 799.43	0.02
	金属制品、机械和设备修理业	132 895.00	2.14	132 892.86	0.00
	电力、热力生产和供应业	4 700 863.00	113 093.86	4 587 769.14	2.41
	燃气生产和供应业	295 819.00	—	295 819.00	—
	水的生产和供应业	191 973.00	—	191 973.00	—
	小计	93 028 113.00	435 145.13	92 592 969.87	—
第三产业		73 787 000.00	754 511.31	73 032 488.69	1.02
合计		191 634 033.00	1 651 517.37	189 982 517.63	0.86

4.3 基于环境退化成本的 GDP 调整

4.3.1 大气环境退化成本

安徽省大气环境退化成本核算主要包括大气污染造成的城市居民健康损失、大气污染造成的农业减产损失、大气污染造成的材料损失和大气污染造成的清洁劳务成本 4 个方面。

2014 年，安徽省大气污染造成的损失为 231.34 亿元，占总环境损害成本的 49%，占当年地方合计 GDP 的 1.1%。其中，大气污染造成的城市居民健康损失为 185.72 亿元，占比 80.3%；农业减产损失为 12.17 亿元，占比 5.3%；材料损失为 8 亿元，占比 3.5%；清洁劳务成本 25.44 亿元，占比 11.0%。如图 4-1 所示。

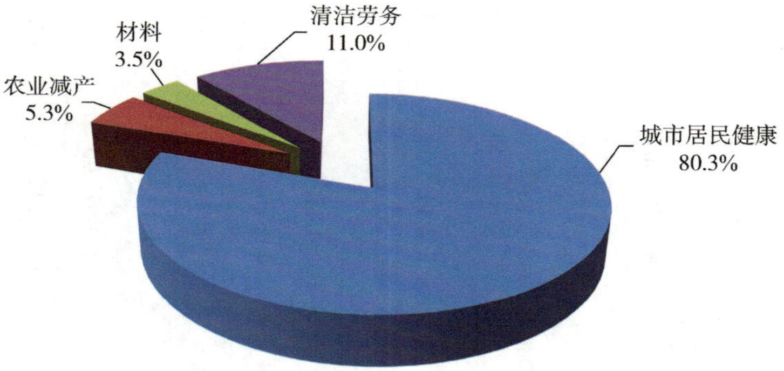

图 4-1　2014 年安徽省大气环境退化成本构成

2014 年安徽省 16 个市大气污染环境退化成本见表 4-5。

表 4-5　2014 年安徽省各市大气环境退化成本

地区	城市居民健康损失 / 亿元	农业减产损失 / 亿元	材料损失 / 亿元	清洁劳务成本 / 亿元	大气环境退化成本 / 亿元
安徽省	185.72	12.17	8.00	25.44	231.34
合肥市	39.22	1.07	1.58	7.48	49.35
淮北市	10.53	0.24	0.52	2.43	13.72
亳州市	6.60	1.84	0.47	0.44	9.35
宿州市	10.47	1.20	0.48	0.69	12.84
蚌埠市	13.92	0.88	0.54	2.59	17.93
阜阳市	9.04	1.83	0.63	0.72	12.22
淮南市	11.88	0.41	0.71	2.41	15.42
滁州市	5.38	0.63	0.19	0.77	6.98
六安市	7.15	0.68	0.29	1.73	9.85
马鞍山市	15.03	0.43	0.40	1.66	17.52
芜湖市	24.21	0.76	0.71	1.27	26.96
宣城市	5.16	0.65	0.28	0.38	6.48
铜陵市	12.92	0.16	0.51	1.15	14.75
池州市	3.51	0.34	0.35	0.30	4.50
安庆市	7.56	0.91	0.28	1.03	9.78
黄山市	3.12	0.14	0.04	0.38	3.69

2014 年，安徽省大气环境退化成本最高的是合肥市，为 49.35 亿元，约占全省总大气污染环境退化成本的 21.3%。2014 年合肥市 PM_{10} 超标严重，由于城市暴露人口较多，造成的健康损失居全省首位。大气环境退化成本最低的是黄山和池州两市，分别为 3.69 亿元和 4.50 亿元。各市大气环境退化成本情况如图 4-2 所示。

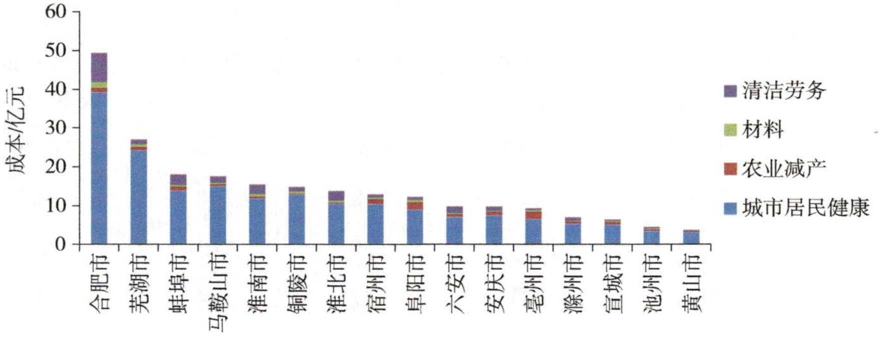

图 4-2　2014 年安徽省各市大气环境退化成本

4.3.2　水环境退化成本

水环境退化成本核算主要包括污染型缺水造成的损失、水污染对农村居民健康造成的损失、水污染造成的城市用水额外治理成本、水污染造成的工业用水额外治理成本和水污染对农业造成的损失 5 个方面。

2014 年，安徽省水污染造成的环境退化成本为 214.06 亿元，占总环境退化成本的 45.5%，占当年合计 GDP 的 1.0%。其中，水污染对农业造成的损失为 105.18 亿元，占比 49.1%；水污染造成的工业用水额外治理成本为 56.92 亿元，占比 26.6%；水污染对农村居民健康造成的损失为 40.81 亿元，占比 19.1%；污染型缺水造成的损失为 10.38 亿元，占比 4.8%；水污染造成的城市城市用水额外治理成本为 0.76 亿元，占比 0.4%。如图 4-3 所示。

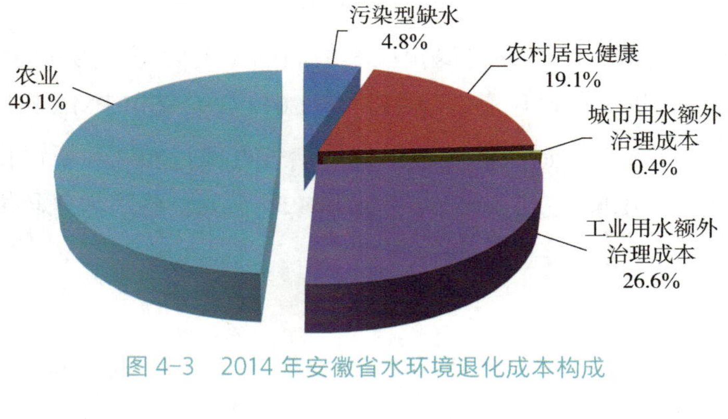

图 4-3　2014 年安徽省水环境退化成本构成

2014 年安徽省 16 个市水污染环境退化成本见表 4-6。

表 4-6　2014 年安徽省各市水环境退化成本

地区	污染型缺水损失 / 亿元	农村居民健康损失 / 亿元	城市用水额外治理成本成本 / 亿元	工业用水额外治理成本 / 亿元	农业损失 / 亿元	水环境退化成本 / 亿元
安徽省	10.38	40.81	0.76	56.92	105.18	214.06
合肥市	1.74	6.84	0	4.87	12.55	26.00
芜湖市	0	3.65	0	0	11.43	15.08
蚌埠市	1.41	2.06	0	3.51	5.01	11.99
淮南市	0.48	0.87	0.06	3.79	1.64	6.83
马鞍山市	0	2.01	0	24.24	3.39	29.64
淮北市	1.10	0.82	0	2.94	5.05	9.92
铜陵市	0	0.48	0	0	0	0.48
安庆市	0	4.56	0	0	0	4.56
黄山市	0	1.10	0	0.07	0.14	1.30
滁州市	2.31	3.67	0	7.10	26.68	39.75
阜阳市	1.23	3.13	0	2.98	12.12	19.46
宿州市	1.14	2.65	0.13	2.54	3.28	9.75
六安市	0	2.97	0	2.26	17.26	22.48
亳州市	0.89	2.37	0.57	2.20	3.97	10.00
池州市	0	1.00	0	0	0.00	1.00
宣城市	0.08	2.61	0	0.43	2.67	5.80

2014 年安徽省有 3 个城市饮用水水源水质不完全达标，其余 13 个城市未造成水污染引起的城市用水额外治理成本增加。如图 4-4 所示，2014 年安徽省水污染损失最大的是滁州市，为 39.75 亿元，占总水污染退化成本合计的 18.57%，主要原因是农业用水水质超标河段比例较高。

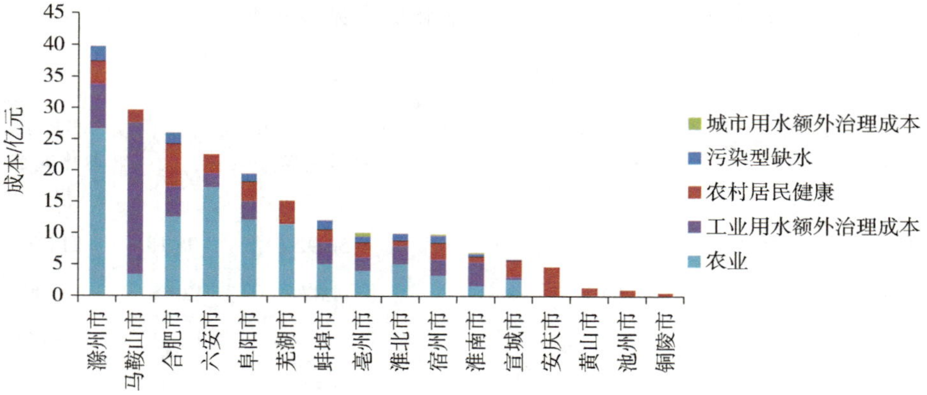

图 4-4　2014 年安徽省各市水环境退化成本

4.3.3　固体废物造成环境退化成本

2014 年，安徽省固体废物占地造成的经济损失为 24.56 亿元。其中，固体废物占地造成的经济损失前三位的城市为淮南市、马鞍山市和合肥市，分别为 5.39 亿元、3.86 亿元和 2.52 亿元，如图 4-5 所示。

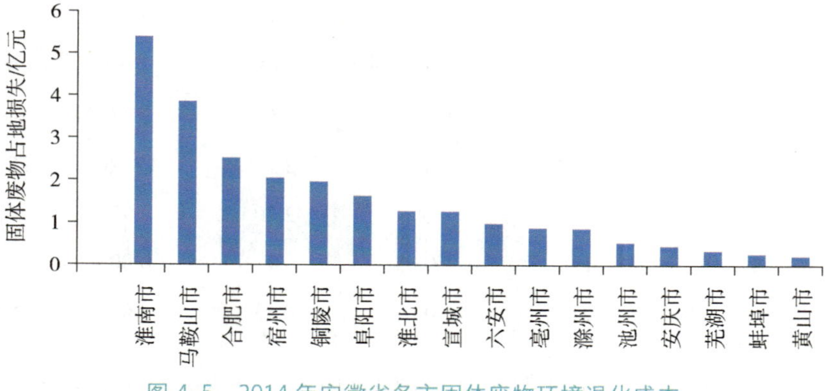

图 4-5　2014 年安徽省各市固体废物环境退化成本

4.3.4　环境退化成本综合分析

2014 年，安徽省环境退化成本为 469.95 亿元，占安徽省 GDP 的 2.25%。其中，大气污染、水污染和固体废物污染造成的经济损失分别占 49.23%、

45.55%、5.22%。环境退化成本核算结果见表 4-7。

表 4-7　2014 年环境退化成本核算一览表

地区	大气污染损失 / 亿元	水污染损失 / 亿元	固体废物污染损失 / 亿元	合计 / 亿元	GDP/ 亿元	环境退化指数 /%
全省合计	231.34	214.06	24.56	469.95	20 848.75	2.25
合肥市	49.35	26.00	2.52	77.88	5 180.56	1.50
芜湖市	26.96	15.08	0.35	42.38	2 309.55	1.84
蚌埠市	17.93	11.99	0.27	30.20	1 151.19	2.62
淮南市	15.42	6.83	5.39	27.64	789.32	3.50
马鞍山市	17.52	29.64	3.86	51.02	1 333.12	3.83
淮北市	13.72	9.92	1.28	24.91	759.64	3.28
铜陵市	14.75	0.48	1.96	17.19	716.31	2.40
安庆市	9.78	4.56	0.46	14.80	1 544.32	0.96
黄山市	3.69	1.30	0.23	5.22	507.17	1.03
滁州市	6.98	39.75	0.87	47.60	1 214.39	3.92
阜阳市	12.22	19.46	1.63	33.31	1 188.97	2.80
宿州市	12.84	9.75	2.05	24.63	1 140.53	2.16
六安市	9.85	22.48	0.99	33.33	1 095.81	3.04
亳州市	9.35	10.00	0.89	20.25	883.63	2.29
池州市	4.50	1.00	0.54	6.04	517.17	1.17
宣城市	6.48	5.80	1.27	13.55	917.63	1.48

环境退化经济损失排名前五位的城市是合肥、马鞍山、滁州、芜湖、六安。滁州（3.92%）、马鞍山（3.83%）、淮南（3.50%）、淮北（3.28%）、六安（3.04%）、阜阳（2.80%）、蚌埠（2.62%）、铜陵（2.40%）、亳州（2.29%）九个城市环境退化指数超过全省平均水平（2.25%）。

4.4 小结

4.4.1 基于虚拟治理成本的 GDP 污染扣减指数

虚拟治理成本法是假设对排放到环境中的污染物按照现行的治理技术

和水平全部治理所需要的支出。2014 年，安徽省环境污染虚拟治理成本为 165.15 亿元。其中，水污染、大气污染、固体废物污染虚拟治理成本分别为 73.20 亿元、85.50 亿元和 6.45 亿元，分别占总虚拟治理成本的 44.3%、51.8% 和 3.9%。2014 年安徽省环境污染虚拟治理成本占 GDP 的比例为 0.79%。

2014 年安徽省废气实际治理成本是虚拟治理成本的 90.35%，废水实际治理成本是虚拟治理成本的 54.63%，表明还需要投入大量资金对排放的污染物进行治理，以减轻污染物排放对生态环境的不利影响。电力、化纤、非金属矿物制品业、有色金属矿采选、造纸、化工、皮革和黑色冶金的污染扣减指数较大，需要加大污染治理投入。按地区核算结果显示，马鞍山、合肥、淮南、铜陵和芜湖位列污染实际治理成本前五位，亳州、六安和阜阳的实际污染治理投入严重不足。

从经济学效率角度来看，有效率的治理水平是边际治理成本等于减少环境损害得到的边际效益。而在实际治理水平较低的情况下，污染物排放造成的环境损害会远远大于采取常规污染治理技术的投入。

4.4.2 环境退化成本

安徽省大气环境退化成本核算主要包括大气污染造成的城市居民健康损失、大气污染造成农业减产损失、大气污染造成材料损失和大气污染造成的清洁劳务成本，水环境退化成本核算主要包括污染型缺水造成的损失、水污染对农村居民健康造成的损失、水污染造成的城市用水额外治理成本、水污染造成的工业用水额外治理成本和水污染对农业造成的损失，固体废物造成环境退化成本主要是核算占地造成的经济损失。

2014 年，安徽省环境退化成本为 469.95 亿元，占安徽省 GDP 的 2.25%。其中，大气污染、水污染和固体废物污染造成的经济损失分别占 49.23%、45.55%、5.22%。大气污染经济损失中，城市居民健康损失为 185.72 亿元，占比 80.3%。水污染经济损失中占比最高的是对农业生产造成的损失，为 105.18 亿元，占比 49.1%。

第 5 章 ↘

安徽省环境质量改善的经济效益分析

5.1 “十三五”期间安徽省环境质量改善情况

5.1.1 主要污染物减排情况

“十三五”期间安徽省通过强化生态环境目标考核，加大生态环境治理投入，实施流域和区域综合治理，监督企业落实污染防治主体责任，全省主要污染物排放量持续降低。根据环境状况公报和环境统计数据来看，与 2014 年相比，2019 年水污染物 COD、氨氮和大气污染物二氧化硫和氮氧化物的年排放量均有较大幅度下降，如图 5-1 所示。

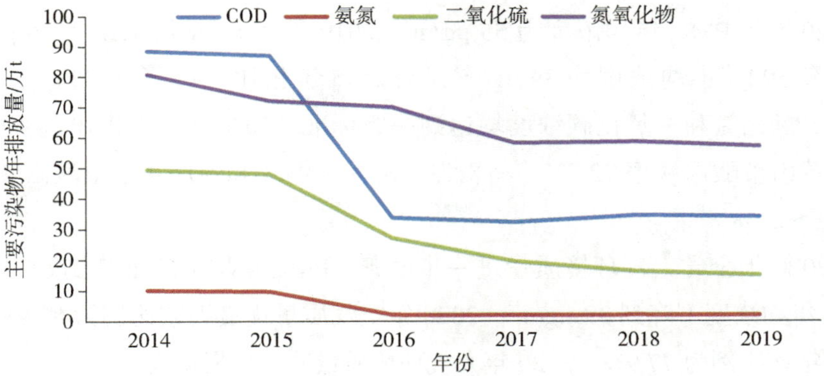

图 5-1 2014—2019 年安徽省主要污染物排放量变化趋势

5.1.2 大气环境质量改善情况

截至 2019 年年末，全省常住人口 6 365.9 万人，常住人口城镇化率 55.81%。GDP 为 37 114 亿元，三次产业结构有所优化，为 7.9 : 41.3 : 50.8，其中工业增加值占 GDP 比重下降了 30.9%，服务业增加值比重较 2014 年显著提高。人均 GDP 为 58 496 元[91]。

安徽省在落实《大气污染防治行动计划》各项任务的基础上，深入实施《打赢蓝天保卫战三年行动计划》，发布了《安徽省打赢蓝天保卫战三年行动计划实施方案》，重点调整优化产业、能源、交通运输、用地结构，抓好控煤、控气、控车、控尘、控烧等措施，建立健全空气质量生态补偿制度。2015 年单位地区生产总值能耗为 0.562 t 标准煤 / 万元，2019 年下降到 0.424 t 标准煤 / 万元。组织实施工业窑炉、挥发性有机物等专项治理行动，淘汰 35 蒸 t/h 燃煤锅炉、制定实施水泥工业大气污染物排放地方标准、实现火电机组超低排放、提前实施机动车国六排放标准等一系列措施，促进了大气环境质量明显改善。

《2019 年安徽省生态环境状况公报》显示大气环境质量有较大幅度改善。与 2014 年 PM_{10} 年均浓度 95 μg/m^3 相比，2019 年全省 PM_{10} 年均浓度下降到 72 μg/m^3，比 2014 年下降了 24.2%。2014 年未发布安徽省 $PM_{2.5}$ 年均浓度，2015 年 $PM_{2.5}$ 年均浓度为 55 μg/m^3，2019 年 $PM_{2.5}$ 年均浓度为 46 μg/m^3，2020 年 $PM_{2.5}$ 年均浓度为 39 μg/m^3，与 2015 年相比下降了 29.1%。二氧化硫、二氧化氮和一氧化碳浓度均达到一级标准。2020 年 5 个市出现了酸雨，其中黄山市酸雨频率 72.7%，马鞍山、滁州、铜陵和安庆 4 个市酸雨频率在 3.05%～21%[92]。

2020 年全省大气环境质量进一步改善，PM_{10} 年均浓度下降到 61 μg/m^3，$PM_{2.5}$ 年均浓度下降到 39 μg/m^3。2020 年空气质量优良天数比例为 82.9%，而 2015 年该比例为 77.9%。2020 年大气环境质量监测数据见表 5-1。

表 5-1　2020 年安徽省及各市大气环境六项指标年均浓度②

城市	SO_2/（μg/m^3）	NO_2/（μg/m^3）	PM_{10}/（μg/m^3）	CO^*/（mg/m^3）	O_3^{**}/（μg/m^3）	$PM_{2.5}$/（μg/m^3）
合 肥	7	39	56	1.1	144	36
淮 北	8	27	77	1.3	167	48
亳 州	7	23	79	1.1	166	47
宿 州	7	27	74	1.1	162	46
蚌 埠	13	31	72	1	148	43
阜 阳	7	26	76	1.1	151	49

注：②　2020 年安徽省大气环境质量监测数据由安徽省生态环境监测中心提供。

续表

城市	SO_2/（μg/m³）	NO_2/（μg/m³）	PM_{10}/（μg/m³）	CO^*/（mg/m³）	O_3^{**}/（μg/m³）	$PM_{2.5}$/（μg/m³）
淮 南	10	28	76	1.1	160	48
滁 州	8	31	60	1.2	153	39
六 安	6	26	60	1.1	154	37
马鞍山	10	34	58	1.2	148	36
芜 湖	9	37	50	1.2	140	35
宣 城	7	29	43	1	136	33
铜 陵	13	37	64	1.2	126	35
池 州	8	26	51	1.1	140	34
安 庆	8	27	48	1	145	36
黄 山	6	16	34	0.9	130	20
全 省	8	29	61	1.1	148	39

注：* CO 浓度为日均浓度值的 95 百分位数浓度；

** O_3 浓度为 8 h 浓度均值的 90 百分位数浓度。

5.1.3 水环境质量改善情况

2015 年安徽省人民政府印发《安徽省水污染防治工作方案》，深化重点流域水污染防治，实施环巢湖十大湿地工程等重大项目，强化淮河流域水环境治理；强化饮用水水源安全保障，整治城市黑臭水体，统筹推进城镇生活污染、农业农村污染、工业污染、船舶港口污染治理，加强良好水体保护；推进地表水断面生态补偿，建立沱湖流域生态补偿机制。“十三五”期间地表水环境质量得到有效改善，2019 年监测的 136 条河流、36 座湖泊水库共 320 个地表水监测断面（点位）中，Ⅰ～Ⅲ类水质断面占比从 2014 年的 67.9% 提高到 72.8%，劣Ⅴ类水质断面比例从 9.8% 下降到 1.9%[92]。

16 个设区市集中式生活饮用水水源地水质达标情况明显改善。2014 年有

4 个地表水水源地和 4 个地下水水源地不达标，2019 年仅亳州市地下水水源地氟超标，其余均达标[92]。

农村环境整治取得显著进展，改水改厕让数百万农村群众生活环境得到改善。2019 年农村自来水普及率为 88.5%，比 2014 年提高了 16.55%[92]。

但是，2019 年出现富营养化的湖泊数量有所增加。石龙湖呈中度富营养状态，茨河湖、龙感湖、高塘湖、石臼湖、沱湖、高邮湖、南漪湖、菜子湖、升金湖和焦岗湖 10 个湖泊呈轻度富营养状态[92]。

5.2 大气环境质量改善健康效益分析

5.2.1 大气环境质量改善健康效益分析方法

陈娟等通过模拟能源强度年均下降 3.5%（控制情景 1）和 4%（控制情景 2）两种控制情形，预测 $PM_{2.5}$ 暴露浓度变化对人体健康影响，通过对 2010—2020 年北京市大气污染减排潜力和潜在健康经济效益进行评估，到 2020 年情景 1 可获得相应健康效益 111.87 亿元，其中避免因死亡、住院、门诊、患病造成的经济损失分别为 14.25 亿元、0.90 亿元、1.09 亿元和 95.82 亿元；情景 2 可获得健康效益 290.10 亿元，其中避免因死亡、住院、门诊、患病造成的经济损失分别为 32.23 亿元、2.13 亿元、2.56 亿元和 252.14 亿元[93]。黄德生和张世秋估算了京津冀地区 $PM_{2.5}$ 浓度达到环境空气质量标准（GB 3095—2012）二级浓度限值可带来的健康效益，通过综合国内外文献选取各健康终端的暴露 - 反应系数和基准发生率，得出该区域健康效益总和可达到每年 612 亿～2 560 亿元（均值为 1 729 亿元 /a），主要为避免过早死亡和减少慢性支气管炎所带来的效益[94]。戴海夏等评价了上海市实施清洁空气行动计划（2013—2017 年）后 $PM_{2.5}$ 暴露水平变化及健康改善的经济效益，结果表明，归因于 $PM_{2.5}$ 暴露死亡风险可下降 11.9%，实现的健康收益总和为 118.41 亿元[95]。李惠娟和李明全对江苏省通过实施空气污染控制政策将浓度达到二级浓度限值的健康效益进行了评估，得出避免早逝和慢性支气管炎发病的健康效益占总效益的 98%，全省由于 $PM_{2.5}$ 浓度达标的总健康效益可达到 702.37 亿元（95% 置信区间：231.20 亿～1 093.46 亿元），相当于 2015 年全省 GDP 的 1%[96]。

第 4 章中以 2014 年为基准年开展大气污染经济损失核算，当时缺乏全省 $PM_{2.5}$ 的监测数据，因此以 PM_{10} 为影响因子进行核算。由于近年来 $PM_{2.5}$ 的健康影响研究关注度较高，有关 $PM_{2.5}$ 的暴露反应关系研究较为集中，为了与相关文献具有可比性，本章以 $PM_{2.5}$ 为影响因子，以 2015 年为基准年，评估 2020 年大气环境质量改善取得的健康效益。

为了分析安徽省大气环境质量改善带来健康改善的经济效益，采用泊松回归比例危险模型来表示 $PM_{2.5}$ 暴露 - 反应关系，$PM_{2.5}$ 暴露浓度与健康效益呈对数线性关系。见式（5-1）和式（5-2）。

$$I = I_0 - \exp\left[\beta \cdot (C - C_0)\right] \tag{5-1}$$

$$\Delta I = I - I_0 = I \cdot \{1 - 1/\exp[\beta \cdot (C - C_0)]\} \tag{5-2}$$

式中：I——现状浓度 C 下的暴露人口死亡率；

I_0——基准浓度 C_0 下的暴露人口死亡率；

β——暴露 - 反应关系系数，可以通过 RR 转换得出。

与空气污染有关的死亡人数可以通过计算死亡率增量 ΔI 乘以暴露人口得出。$PM_{2.5}$ 基准浓度采用世界卫生组织推荐的限值 10 μg/m³。

一些文献采用多参数综合暴露 - 反应关系 IER 模型（integrated exposure resonse，IER）研究 $PM_{2.5}$ 暴露对全因死亡率以及缺血性心脏病（ischemic heart disease，IHD）、脑血管病（derebrovascular diseases，CVD）、慢性阻塞性肺部疾病（chronic obstructive pulmonary disease，COPD）、肺癌（lung cancer，LC）这 4 种疾病死亡率的影响[97, 98]。WHO 估算全球范围内 $PM_{2.5}$ 暴露对 LC 死亡率影响占 16%，对 COPD 死亡率影响占 11%，对 IHD 和中风死亡率影响占 20%[99]。D. Fang 等对 2013 年中国 74 个主要城市进行研究发现，$PM_{2.5}$ 暴露与 46%LC 死亡、35%CVD 死亡、16% 呼吸系统疾病死亡有关[100]。安徽省各疾病类型的死亡率基准数据难以获得，各文献中关于 $PM_{2.5}$ 暴露对相关疾病死亡率影响的估计存在较大差异，因此仅以不同 $PM_{2.5}$ 暴露水平下全因死亡率变化估算大气环境质量改善的健康效益和经济效益。

有关文献中分析了 $PM_{2.5}$ 暴露浓度对门诊人数及费用的影响[93-96]，安徽省呼吸科、心血管科、儿科门诊的人数缺乏数据来源，因此未考虑因环境空气质量改善而减少内科、儿科等专科门诊人数带来的经济效益。参考相关文献整理得出本研究各种健康影响的暴露 - 反应关系系数（表 5-2）。

表 5-2　$PM_{2.5}$ 健康影响的暴露 - 反应关系系数

	健康影响	暴露 - 反应系数（95% 置信区间）	基准发生率 /‰
早逝	全因死亡率（长期效应）	0.005 37（0.003 48～0.007 27）[100]	各市死亡率
住院	呼吸系统疾病	0.001 09（0～0.002 21）[94, 96]	8.8[101]
	心血管系统疾病	0.000 68（0.000 43～0.000 93）[94, 96]	14.2[101]
患病	急性支气管炎	0.007 90（0.002 70～0.013 00）[94, 96]	28.1[101]
	慢性支气管炎	0.010 09（0.003 66～0.015 59）[94, 96]	4.6[101]

早逝的基准发生率取自《安徽统计年鉴 2016》中各城市死亡率，相关疾病住院率和发病率取自《中国卫生和计划生育年鉴 2016》。根据《中国卫生和计划生育年鉴 2016》，东部地区呼吸系统疾病住院率为 8.8‰，心血管疾病（包括心脏病和脑血管病）为 14.2‰。东部地区急性支气管炎和慢性支气管炎发病率分别为 28.1‰ 和 4.6‰[101]。

（1）空气环境质量改善避免的早逝人数为 ΔP_1，避免早逝的健康效益 W_1 计算见式（5-3）：

$$W_1 = \Delta P_1 \cdot \mathrm{HC}_{\mathrm{mu}} = \Delta P_1 \cdot \sum_{i=1}^{t} \mathrm{GDP}_{\mathrm{pc}i}^{\mathrm{pv}} \tag{5-3}$$

（2）空气环境质量改善避免的呼吸系统疾病住院人数与心血管疾病住院人数分别为 ΔP_2 和 ΔP_3，避免住院的健康效益分别为 W_2 和 W_3，计算见式（5-4）：

$$W_{2,3} = \Delta P_{2,3} \cdot (C_{\mathrm{h}} + \mathrm{WD} \cdot C_{\mathrm{wd}}) \tag{5-4}$$

式中：C_{h}——疾病住院成本，包括直接住院成本和交通、营养等间接住院成本，元 / 人次；

WD——疾病休工天数，元 / 人次；

C_{wd}——疾病休工成本，元 / 天。C_{wd}= 人均 GDP/365。

（3）空气环境质量改善避免的急性支气管炎发病人数为 ΔP_4，避免急性支气管炎发病的健康效益为 W_4，计算见式（5-5）：

$$W_4 = \Delta P_4 \cdot C_{ot} \tag{5-5}$$

式中：C_{ot}——疾病治疗医药费用，元 / 人次。参考《中国卫生健康统计年鉴 2020》，急性上呼吸道感染的人均医药费用为 2 357.75 元[102]。

（4）大气环境质量改善避免的慢性支气管炎发病失能的人数为 ΔP_5，健康经济效益为 W_5，计算见式（5-6）。

$$W_5 = \Delta P_5 \cdot HC_{mu} = \Delta P_5 \cdot \sum_{i=1}^{t} GDP_{pci}^{pv} \tag{5-6}$$

式中：t——大气污染引起的慢性支气管炎早死的平均损失寿命年数；

γ——慢性支气管炎失能损失系数，0.4。

以平均人力资本的 40% 估算慢性支气管炎患病失能损失。

5.2.2 大气环境质量改善健康效益

安徽省 2015 年 $PM_{2.5}$ 年均浓度 35 μg/m³ 以下的暴露人口占比为 4.52%，年均浓度为 35～45 μg/m³ 的暴露人口为 0，年均浓度为 45～55 μg/m³ 的占比为 26.93%，年均浓度为 55～65 μg/m³ 的占比为 50.84%，年均浓度为 65 μg/m³ 以上的占比为 17.72%。2020 年 $PM_{2.5}$ 年均浓度 35 μg/m³ 以下的暴露人口增加到 650.74 万人，占全省城镇人口的 18.34%，年均浓度在 35～45 μg/m³ 的暴露人口增长到 1 679.84 万人，占 47.34%，年均浓度为 45～55 μg/m³ 的暴露人口为 1 217.83 万人，占 34.32%，年均浓度为 55 μg/m³ 以上的暴露人口为 0。如图 5-2 所示。

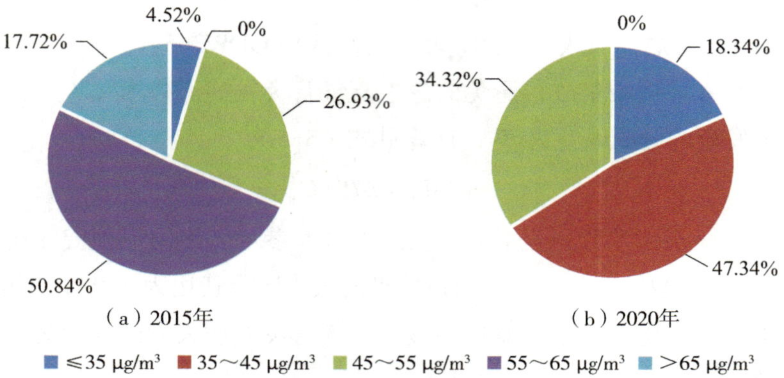

图 5-2　2015 年与 2020 年在不同 $PM_{2.5}$ 年均浓度水平下暴露人口比例变化

2015 年和 2020 年池州 $PM_{2.5}$ 年均浓度稳定达标，其他各市大气环境质量均有所改善，黄山市 $PM_{2.5}$ 年均浓度在达标基础上进一步下降到 20 μg/m³。全省 $PM_{2.5}$ 年均浓度 55 μg/m³ 以上，高污染水平下的暴露人口大幅减少，因而对于减少早逝人数、减少呼吸系统疾病和心血管疾病住院人数、减少急性支气管炎和慢性支气管炎发病等起到积极的作用，由此产生了明显的健康效益。安徽省 2015—2020 年大气环境质量改善的健康效益见表 5-3。

通过采用 5.2.1 节所述的方法，估算得到安徽省大气环境质量改善带来健康改善的总经济效益达到 313.41 亿元（95% 置信区间：168.13 亿～433.89 亿元）（表 5-4）。可以看出，由于合肥市 $PM_{2.5}$ 年均浓度降幅较大，城市人口暴露水平降低幅度也较大，同时城市经济发展水平较高，人力资本价值也较高，因此核算出的总健康效益为全省最高，达 123.28 亿元（95% 置信区间：65.40 亿～169.57 亿元），约占全省大气环境质量改善健康效益的 39.3%。

表 5-3　2015—2020 年安徽省大气环境质量改善的健康效益

城市	早逝 / 人		避免健康受损人数							
			呼吸系统疾病住院 / 人		心血管疾病住院 / 人		急性支气管炎发病 / 千人		慢性支气管炎发病 / 千人	
	ΔP_1	95%CI	ΔP_2	95%CI	ΔP_3	95%CI	ΔP_4	95%CI	ΔP_5	95%CI
合肥	4 018	2 677～5 291	1 770	0～3 529	1 792	1 138～2 442	37.06	13.67～56.72	7.51	2.99～10.74
淮北	401	263～538	157	0～316	158	100～216	3.50	1.23～5.60	0.72	0.27～1.08
亳州	1 004	659～1 342	296	0～596	299	189～408	6.54	2.32～10.39	1.35	0.51～2.00
宿州	1 498	986～1 995	405	0～813	409	259～558	8.85	3.16～13.96	1.82	0.70～2.68
蚌埠	1 198	792～1 590	398	0～798	402	255～549	8.59	3.10～13.42	1.76	0.68～2.57
阜阳	267	173～361	71	0～143	71	45～97	1.62	0.56～2.66	0.34	0.12～0.52
淮南	267	174～360	87	0～176	88	55～120	1.98	0.69～3.23	0.41	0.15～0.63
滁州	1 553	1 028～2 058	493	0～986	498	316～680	10.56	3.83～16.43	2.15	0.84～3.14
六安	1 489	983～1 978	435	0～873	440	279～600	9.42	3.39～14.76	1.93	0.75～2.83
马鞍山	1 111	737～1 470	386	0～772	391	248～533	8.22	2.99～12.72	1.67	0.66～2.42
芜湖	1 726	1 143～2 287	547	0～1 094	553	351～754	11.71	4.25～18.22	2.39	0.93～3.48
宣城	794	522～1 058	228	0～458	230	146～314	5.00	1.78～7.91	1.03	0.39～1.52
铜陵	623	413～826	204	0～409	207	131～282	4.38	1.59～6.81	0.89	0.35～1.30
池州	—	—	—	—	—	—	—	—	—	—
安庆	1 166	768～1 553	381	0～766	385	244～526	8.34	2.98～13.15	1.71	0.66～2.53
黄山	410	269～547	106	0～214	107	68～147	2.34	0.83～3.71	0.48	0.18～0.72
全省	17 524	11 586～23 256	5 964	0～11 943	6 031	3 825～8 226	128.11	46.34～199.70	26.17	10.17～38.16

注：ΔP 为人数变化量；

95%CI 为 95% 置信区间人数变化量上限。

表 5-4　大气环境质量改善的健康效益

城市	W_1/ 亿元（95%CI）	W_2/ 万元（95%CI）	W_3/ 万元（95%CI）	W_4/ 亿元（95%CI）	W_5/ 亿元（95%CI）	总健康效益 W/ 亿元（95%CI）
合肥	41.80（27.85～55.06）	1 263（0～2 519）	3 725（2 364～5 075）	0.87（0.32～1.34）	61.09（24.32～87.38）	123.28（65.40～169.57）
淮北	1.98（1.30～2.66）	112（0～226）	329（208～449）	0.08（0.03～0.13）	2.79（1.05～4.19）	5.81（2.99～8.26）
亳州	2.95（1.94～3.94）	211（0～425）	621（394～848）	0.15（0.05～0.25）	3.09（1.17～4.60）	7.62（4.09～10.71）
宿州	4.64（3.06～6.19）	289（0～580）	850（539～1 160）	0.21（0.07～0.33）	4.40（1.69～6.50）	11.48（6.26～16.01）
蚌埠	6.77（4.47～8.98）	284（0～569）	836（530～1 141）	0.20（0.07～0.32）	7.75（3.00～11.34）	17.91（9.64～24.90）
阜阳	0.79（0.51～1.07）	50（0～102）	148（93～202）	0.04（0.01～0.06）	0.79（0.29～1.21）	2.00（1.06～2.86）
淮南	0.99（0.64～1.34）	62（0～126）	182（115～249）	0.05（0.02～0.08）	1.20（0.44～1.83）	2.71（1.41～3.89）
滁州	9.74（6.45～12.91）	352（0～704）	1 036（657～1 412）	0.25（0.09～0.39）	10.56（4.12～15.37）	25.12（13.65～34.32）
六安	4.60（3.04～6.11）	311（0～623）	915（580～1 248）	0.22（0.08～0.35）	4.66（1.80～6.83）	11.69（6.35～16.25）

续表

城市	W_1/ 亿元（95%CI）	W_2/ 万元（95%CI）	W_3/ 万元（95%CI）	W_4/ 亿元（95%CI）	W_5/ 亿元（95%CI）	总健康效益 W/ 亿元（95%CI）
马鞍山	9.33（6.19～12.34）	276（0～551）	812（515～1 107）	0.19（0.07～0.30）	10.98（4.31～15.90）	24.86（13.43～34.32）
芜 湖	15.53（10.28～20.58）	390（0～781）	1 149（729～1 567）	0.28（0.10～0.43）	16.82（6.56～24.47）	39.85（21.69～55.08）
宣 城	4.30（2.83～5.73）	163（0～327）	479（303～653）	0.12（0.04～0.19）	4.35（1.66～6.44）	10.78（5.84～15.06）
铜 陵	3.92（2.60～5.20）	146（0～292）	430（272～586）	0.10（0.04～0.16）	4.40（1.71～6.40）	10.27（5.56～14.21）
池 州	—	—	—	—	—	—
安 庆	5.50（3.62～7.33）	272（0～547）	801（507～1 093）	0.20（0.07～0.31）	6.32（2.42～9.33）	14.63（7.81～20.47）
黄 山	2.24（1.47～2.99）	76（0～153）	223（142～305）	0.06（0.02～0.09）	2.06（0.78～3.06）	5.40（2.96～7.54）
全省	115.09（76.25～152.42）	4 258（0～8 526）	12 534（7 948～17 094）	3.03（1.10～4.72）	141.27（55.32～204.86）	313.41（168.13～433.89）

5.3 水环境质量改善的经济效益分析

5.3.1 农村饮水安全改善的健康效益分析

水环境质量改善，尤其是农村地区饮水安全状况改善带来的健康效益包括介水性传染病发病人数减少，以及与水污染相关的恶性肿瘤发病和死亡人数的降低。

设饮水安全改善减少的介水性传染病发病人数为 ΔP_{wi}，介水性传染病治疗的平均医药费用为 C_{hi}，则带来的经济效益 W_{wi} 估算见式（5-7）。

$$W_{wi}=\Delta P_{wi}\cdot(C_{hi}+\mathrm{WD}_i\cdot C_{wd}) \tag{5-7}$$

式中：i=1，2，3，1 为痢疾，2 为伤寒和副伤寒，3 为甲型肝炎；

WD_i——因病休工天数，天 / 人；

C_{wd}——疾病休工成本，元 / 天。C_{wd}= 各市人均 GDP/365。

在水污染健康损失估算中，农村人口中取水方式为非自来水供水的人群相对于取水方式为自来水供水人群恶性肿瘤死亡人数增加，因此在分析饮水安全状况改善的健康效益时，采用同样方法估算因农村自来水普及而减少了非自来水供水人群，相应减少了与水污染相关的恶性肿瘤过早死亡人数，并进一步采用人力资本法估算健康改善的经济效益。设饮水安全改善减少的恶性肿瘤过早死亡人数为 ΔP_{w4}，则带来的经济效益 W_{w4} 估算见式（5-8）。

$$W_{w4}=\Delta P_{w4}\cdot\mathrm{HC}_{mr}=\Delta P_{w4}\cdot\sum_{i=1}^{t}\mathrm{GDP}_{pci}^{pv} \tag{5-8}$$

式中：t——水污染引起的恶性肿瘤早死的平均损失寿命年数，根据分年龄组的恶性肿瘤死亡率，恶性肿瘤早死的平均损失寿命年数为 21 年[69]；

HC_{mr}——人均人力资本，万元 / 人；

GDP_{pci}^{pv}——各市第 i 年的人均 GDP。

根据《中国卫生与计划生育年鉴 2016》，2015 年每 10 万人痢疾发病率为 16.09，伤寒和副伤寒发病率为 0.49，甲型肝炎发病率为 0.99；根据《中国卫生健康统计年鉴 2020》，2019 年这 3 种介水性传染病发病人数分别降低到每

10 万人中有 7.61 人，0.33 人和 0.82 人。2015 年和 2019 年介水性传染病情况见表 5-5。

表 5-5　安徽省介水性传染病情况统计

介水性传染病种类	2015 年发病率 /（1/10 万人）	2019 年发病率 /（1/10 万人）	平均住院日 / d	平均医药费用 /（元 / 人）
痢疾	16.09	7.61	6.20	3 739.05
伤寒和副伤寒	0.49	0.33	8.55	6 877.51
甲型肝炎	0.99	0.82	11.06	7 759.89

根据《中国卫生与计划生育年鉴 2016》，2015 年农村人群每 10 万人恶性肿瘤死亡人数为食道癌 13.38 人，胃癌 21.72 人，肝癌 27.09 人；根据《中国卫生健康统计年鉴 2020》，2019 年这 3 种恶性肿瘤的农村死亡人数分别降低到每 10 万人 12.99 人、20.40 人和 25.82 人。安徽省由于饮水安全改善而减少介水性传染病发病和 3 种消化道恶性肿瘤的死亡人数减少带来的健康效益估算结果见表 5-6。

表 5-6　农村饮水安全改善的健康效益汇总

地区	2019 年农村自来水普及率 /%	农村受益人数 / 万人	减少介水性传染病发病效益 / 万元			减少恶性肿瘤过早死亡效益 / 万元	农村饮水安全改善健康效益 / 亿元
			痢疾	伤寒和副伤寒	甲型肝炎		
合 肥	88.40	171.35	82.87	2.63	3.28	8 149.01	0.81
淮 北	79.30	61.42	23.69	0.79	0.96	1 824.73	0.18
亳 州	93.40	284.03	103.69	3.48	4.23	4 578.91	0.46
宿 州	93.80	299.62	110.01	3.69	4.49	5 487.37	0.55
蚌 埠	73.20	103.45	41.81	1.37	1.69	2 862.46	0.29
阜 阳	98.30	449.61	163.84	5.50	6.69	8 011.74	0.80
淮 南	71.20	86.87	32.19	1.08	1.31	1 879.27	0.19
滁 州	77.30	145.73	60.99	1.99	2.45	5 757.58	0.58

续表

地区	2019 年农村自来水普及率 /%	农村受益人数 / 万人	减少介水性传染病发病效益 / 万元			减少恶性肿瘤过早死亡效益 / 万元	农村饮水安全改善健康效益 / 亿元
			痢疾	伤寒和副伤寒	甲型肝炎		
六 安	77.90	200.85	73.34	2.46	2.99	4 225.31	0.42
马鞍山	99.20	72.32	32.29	1.04	1.29	3 233.90	0.32
芜 湖	97.00	123.10	56.08	1.80	2.23	6 486.55	0.65
宣 城	91.50	106.33	42.72	1.40	1.72	4 288.09	0.43
铜 陵	93.50	65.73	26.40	0.87	1.07	862.68	0.09
池 州	91.80	61.45	24.46	0.81	0.99	1 674.70	0.17
安 庆	86.10	203.41	79.31	2.62	3.21	5 237.68	0.52
黄 山	93.80	63.33	25.36	0.83	1.02	1 944.98	0.19
全省	88.50	2 489.59	979.05	32.36	39.64	66 504.95	6.65

5.3.2 城市水源地水质改善的经济效益分析

根据《2014 年安徽省环境状况公报》，2014 年亳州市、宿州市和淮南市集中式水源地水质存在不同程度的超标；县级市集中式水源地中，巢湖市、桐城市和界首市存在不同程度的超标。《2019 年安徽省环境状况公报》中仅亳州市地下水水源地超标，其余 15 个城市水源水质均 100% 达标。第 4 章水污染经济损失核算中，根据 2014 年各市提供的水资源公报数据整理得出当年工业用水和居民生活用水不达标比例，效益核算是结合 2019 年用水量估算出 2019 年因水源水质改善而减少的额外供水成本。与第 4 章一致，如果水质超标，工业用水额外治理成本按 4.73 元 /t 计算，生活用水额外治理成本按 2.75 元 /t 计算。经核算，安徽省 2019 年因水源地水质改善带来的经济效益为 48.06 亿元。核算结果见表 5-7。

表 5-7 城市水源地水质改善的经济效益

地区	2019 年工业用水量 / 亿 m^3	2019 年居民生活用水量 / 亿 m^3	减少超标工业用水量 / 亿 m^3	减少超标居民生活用水量 / 亿 m^3	减少工业用水额外处理成本 / 亿元	减少生活用水额外处理成本 / 亿元	水源改善的经济效益 / 亿元
合肥	5.05	3.59	0.91	—	4.30	—	4.30
淮北	1.3	0.94	0.44	—	2.09	—	2.09
亳州	2.16	1.75	—	—	—	—	—
宿州	2.4	2.18	0.48	0.05	2.27	0.13	2.40
蚌埠	2.14	1.42	0.60	—	2.83	—	2.83
阜阳	3.15	2.76	0.63	—	2.98	—	2.98
淮南	6.89	1.51	0.69	0.02	3.26	0.06	3.31
滁州	2.9	1.76	1.45	—	6.86	—	6.86
六安	2.17	1.88	0.33	—	1.54	—	1.54
马鞍山	18.02	1.28	4.51	—	21.31	—	21.31
芜湖	16.86	1.72	—	—	—	—	—
宣城	2.08	1.35	0.08	—	0.39	—	0.39
铜陵	7.58	0.71	—	—	—	—	—
池州	4.35	0.60	—	—	—	—	—
安庆	7.59	1.92	—	—	—	—	—
黄山	0.52	0.62	0.01	—	0.04	—	0.04
全省	85.16	25.99	10.12	0.07	47.87	0.18	48.06

注：“—”为无数据。

5.3.3 安徽省水环境质量改善的经济效益

综合来看，全省水环境质量改善的经济效益达到 54.71 亿元，其中马鞍山市最高，达到 21.63 亿元（表 5-8）。

表 5-8 水环境质量改善的经济效益汇总

地区	农村饮水安全改善的健康效益 / 亿元	水源地水质改善的经济效益 / 亿元	水环境质量改善的经济效益 / 亿元
合肥	0.81	4.30	5.11
淮北	0.18	2.09	2.27
亳州	0.46	—	0.46
宿州	0.55	2.40	2.95
蚌埠	0.29	2.83	3.12
阜阳	0.80	2.98	3.78
淮南	0.19	3.31	3.5
滁州	0.58	6.86	7.44
六安	0.42	1.54	1.96
马鞍山	0.32	21.31	21.63
芜湖	0.65	—	0.65
宣城	0.43	0.39	0.82
铜陵	0.09	—	0.09
池州	0.17	—	0.17
安庆	0.52	—	0.52
黄山	0.19	0.04	0.23
全省	6.65	48.06	54.71

注：“—”为无数据。

5.4 小结

（1）“十三五”期间安徽省蓝天保卫战大气环境质量取得了明显改善，2015—2020 年 $PM_{2.5}$ 浓度下降了 29%。近年来 $PM_{2.5}$ 的健康影响研究关注度较高，有关 $PM_{2.5}$ 的暴露反应关系研究较为集中，以 $PM_{2.5}$ 为影响因子，以 2015 年为基准年，评估 2020 年大气环境质量改善取得的健康效益，得出

“十三五”期间大气环境质量改善带来健康改善的经济效益相当显著，可达到313.41 亿元（95% 置信区间：168.13 亿～433.89 亿元）。根据第 4 章以 PM_{10} 为影响因子的核算结果，2014 年安徽省大气污染健康损失为 185 亿元。2020 年安徽省城镇常住人口比 2014 年增加了 560 万人，人均 GDP 是 2014 年的 1.7 倍，如果大气环境质量没有改善，由于城市暴露人口增加且人力资本价值提高，2020 年大气污染造成的健康损失将是 2014 年的 2 倍以上。

囿于 2020 年部分与大气污染损失核算相关的数据缺乏统计资料来源和专项调查支持，仅选择占比最高的健康损失变化作为大气环境改善效益评价的内容，未评估因 SO_2 浓度降低而减少农业生产损失和建筑材料损失等方面的经济收益，尚未全面体现大气环境质量改善的综合效益。

（2）与 2014 年水环境状况相比，2019 年安徽省地表水环境质量总体改善，农村自来水普及率有所提高，农村饮水安全得到更好保障，水源地水质达标的情况也有所好转。因饮水安全改善而减少介水性传染病发病和 3 种消化道恶性肿瘤的死亡人数减少带来的健康效益约为 6.65 亿元，因水源地水质改善节约额外处理成本约 48.06 亿元，两项共计可带来约 54.71 亿元的经济效益。

在不同年份的水资源公报、生态环境状况公报中，一些统计指标不具有延续性，例如，《2019 年水资源公报》中不再提供超标河段河长等水质信息，而在《2019 年安徽省生态环境状况公报》中也没有全省具体超标河流断面列表及超标河段河长方面的统计，因此本章没有对减少污染型缺水损失和农业损失带来的经济效益进行估算，也会造成对水环境质量改善效益的低估。

第 6 章 ↘

安徽省大别山重点生态功能区（六安市）GEP 核算

六安市生态资源丰富，境内分布有多处国家级和省级自然保护区、湿地公园、重要湿地、森林公园、地质公园等。以佛子岭、梅山、磨子潭、响洪甸、龙河口和白莲崖六大水库为依托兴建的淠史杭灌区是我国最大的人工灌区，对中下游两岸的防洪、灌溉、城市供水、水质改善起到不可替代的作用。生态功能重要区与革命老区、深度贫困地区交叠，该区域生态保护必须与脱贫攻坚、乡村振兴相协调、相融合、相促进。通过对 2018 年六安市 GEP 进行核算，定量评价生态系统为六安市经济社会发展所提供的产品和服务价值。

6.1 六安市生态环境状况

6.1.1 自然地理概况

（1）地理位置

六安市位于安徽省西部，大别山北麓，东经 115°20′～117°14′、北纬 31°01′～32°40′。东与合肥市相连，南接安庆市，西与河南信阳市接邻，北与阜阳市隔河相望。东西宽 176 km，南北长 179 km，总面积为 15 459.2 km^2。

六安市行政区域包括金安区、裕安区和叶集区 3 个区，霍邱县、霍山县、金寨县和舒城县 4 个县，以及六安经济技术开发区和六安市承接产业转移集中示范园区（图 6-1）。

（2）地形地貌

六安市地貌类型复杂多样。有山地、丘陵、岗地、平原，呈梯形分布，河流、盆地、湖泊相间其中。全市可分为大别山北坡山地、江淮丘陵、江淮岗地和平原四大地貌单元（图 6-2）。

大别山北坡山地处于梅山、响洪甸、佛子岭、龙河口四大水库北线以南，面积为 5 803.9 km^2。山地根据不同海拔高程又分为中山区和低山区，中山区分布在西南边境海拔 800 m 以上，随着山体的垂直高度变化，土壤、气候、植被差异十分明显；低山区分布在中山北外圈，海拔 400～800 m。山间分布着平缓而较开阔的盆地，有限耕地集中于此。

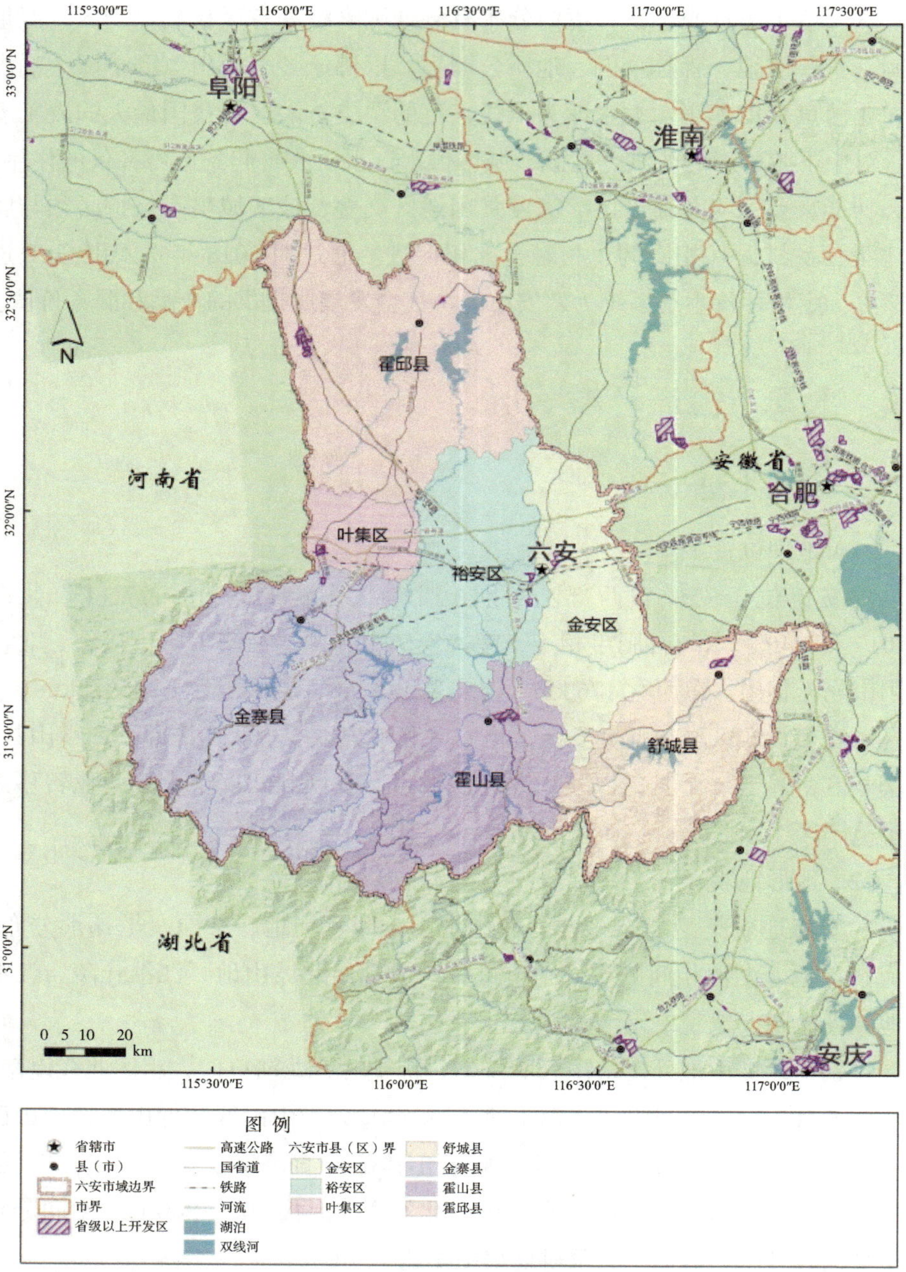
阜阳
淮南
合肥
安徽省
六安
河南省
湖北省
安庆
霍邱县
叶集区
裕安区
金安区
金寨县
霍山县
舒城县
N
0 5 10 20 km
115°30′0″E
116°0′0″E
116°30′0″E
117°0′0″E
117°30′0″E
33°0′0″N
32°30′0″N
32°0′0″N
31°30′0″N
31°0′0″N
图例
省辖市
县（市）
六安市域边界
市界
省级以上开发区
高速公路
国省道
铁路
河流
湖泊
双线河
六安市县（区）界
金安区
裕安区
叶集区
舒城县
金寨县
霍山县
霍邱县

图 6-1 六安市行政区

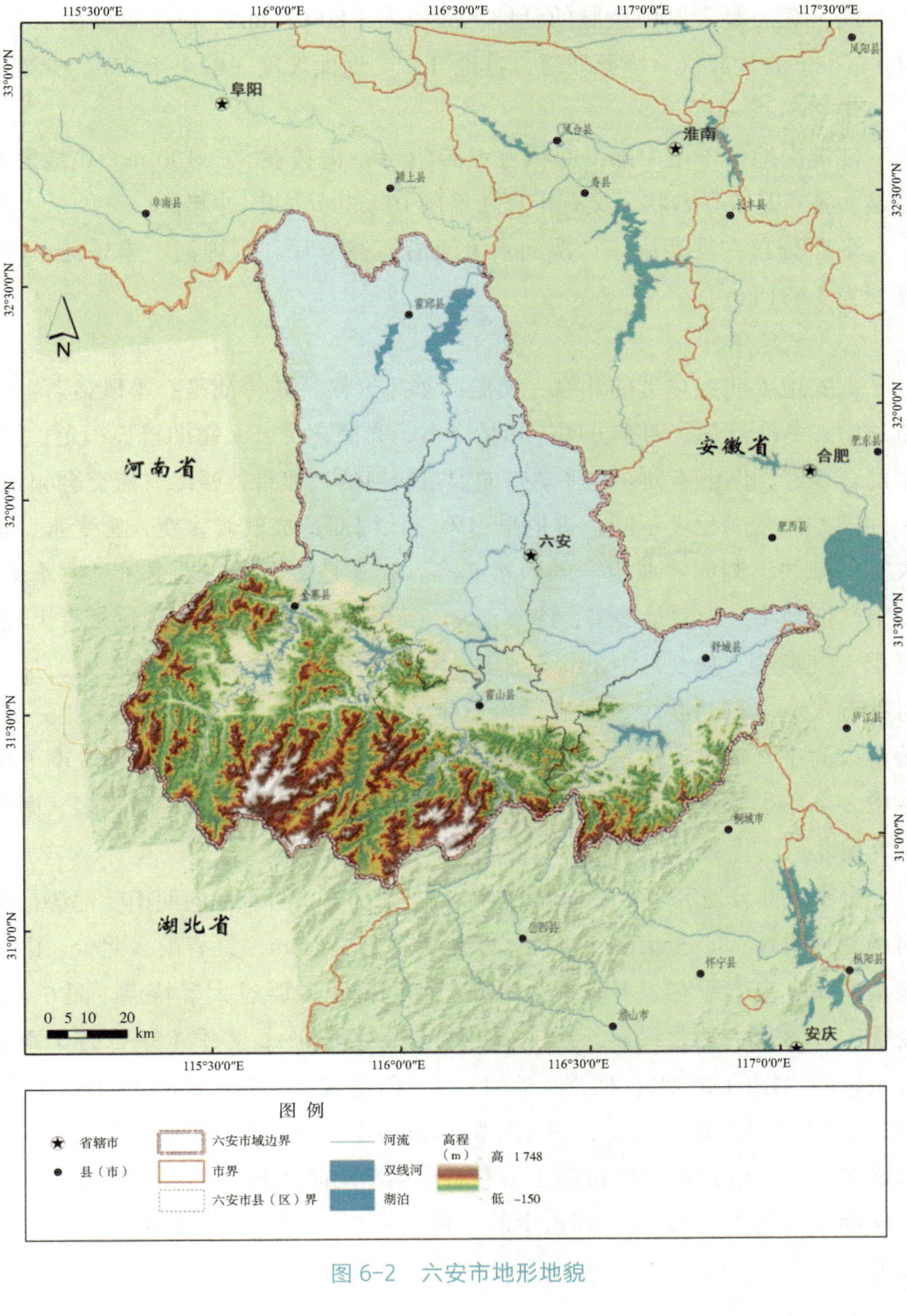
115°30′0″E
116°0′0″E
116°30′0″E
117°0′0″E
117°30′0″E
33°0′0″N
32°30′0″N
32°0′0″N
31°30′0″N
31°0′0″N
阜阳
凤阳县
凤台县
淮南
颍上县
寿县
长丰县
阜南县
霍邱县
N
河南省
安徽省
合肥
肥东县
肥西县
六安
金寨县
舒城县
霍山县
庐江县
桐城市
湖北省
岳西县
怀宁县
枞阳县
潜山市
安庆
0 5 10 20
km
图 例
省辖市
县（市）
六安市域边界
市界
六安市县（区）界
河流
双线河
湖泊
高程
（m）
高 1 748
低 −150

图 6-2 六安市地形地貌

江淮丘陵是大别山余脉的延伸，面积为 3 800.1 km^2。一般海拔在 100～400 m，呈波状起伏，峰原坡缓，盆地开阔。地面坡度一般小于 25°，少数高丘大于 25°。

江淮岗地位于市中部，面积为 4 691 km^2。海拔在 50～100 m。该地区地貌最大特点是既呈台状，又有相对高差在 10～30 m 的岗冲起伏。

平原分布在淮河南岸，淠河、汲河沿河谷一片和杭埠河、丰乐河下游，面积为 3 681 km^2。

（3）气象条件

六安地处北亚热带的北缘，属湿润季风气候。其特征是：季风显著、雨量适中；冬冷夏热、四季分明；热量丰富、光照充足，无霜期较长；光、热、水配合良好。但由于处在北亚热带向温带转换的过渡带，暖冷气流交会频繁，年际间季风强弱程度不同，进退早迟不一，因而造成气候多变，常受水、旱灾害的威胁，制约农业生产的因素亦多。春季是冬季风向夏季风过渡季节，冷空气活动频繁，雨量增多，冷暖无常，天气多变，低温阴雨天气常有出现。夏季天气炎热，从 6 月中下旬至 7 月上旬为梅雨季节。在多数年份里，这一时期湿度大、雨量集中，常有洪涝发生。梅雨过后，天气晴热，光照充足，偏南风为主，常出现伏旱。秋季是夏季风向冬季风转换季节，冷空气南下次数增多。冬季常受北方冷空气侵袭和控制，气温低、湿度小、晴天多、雨雪少，偏北风占优势。

全市大部分地区多年平均气温为 14.6～15.6℃，自东北向西南随地势抬高而递减（图 6-3）。全市多年平均降水量为 1 216.7 mm，具有南多北少、山区多平原少、夏春季多、冬秋季少以及年际间降水差距过大等特点（图 6-4）。夏季（6—8 月）雨量最多，约占全年降水量的 45.0%；春季（3—5 月）雨量占全年降水量的 26.2%；秋季（9—11 月）雨量占全年降水量的 18.4%；冬季（12—次年 2 月）雨量最少，占全年降水量的 10.4%。年际间降水变化大，降水最多年份一般是最少年份的 3 倍左右。年平均降水日为 112～125.6 天，年平均降雪日为 10～12 天，降水少的年份仅有 2 天，降水多的年份可达 15 天以上。

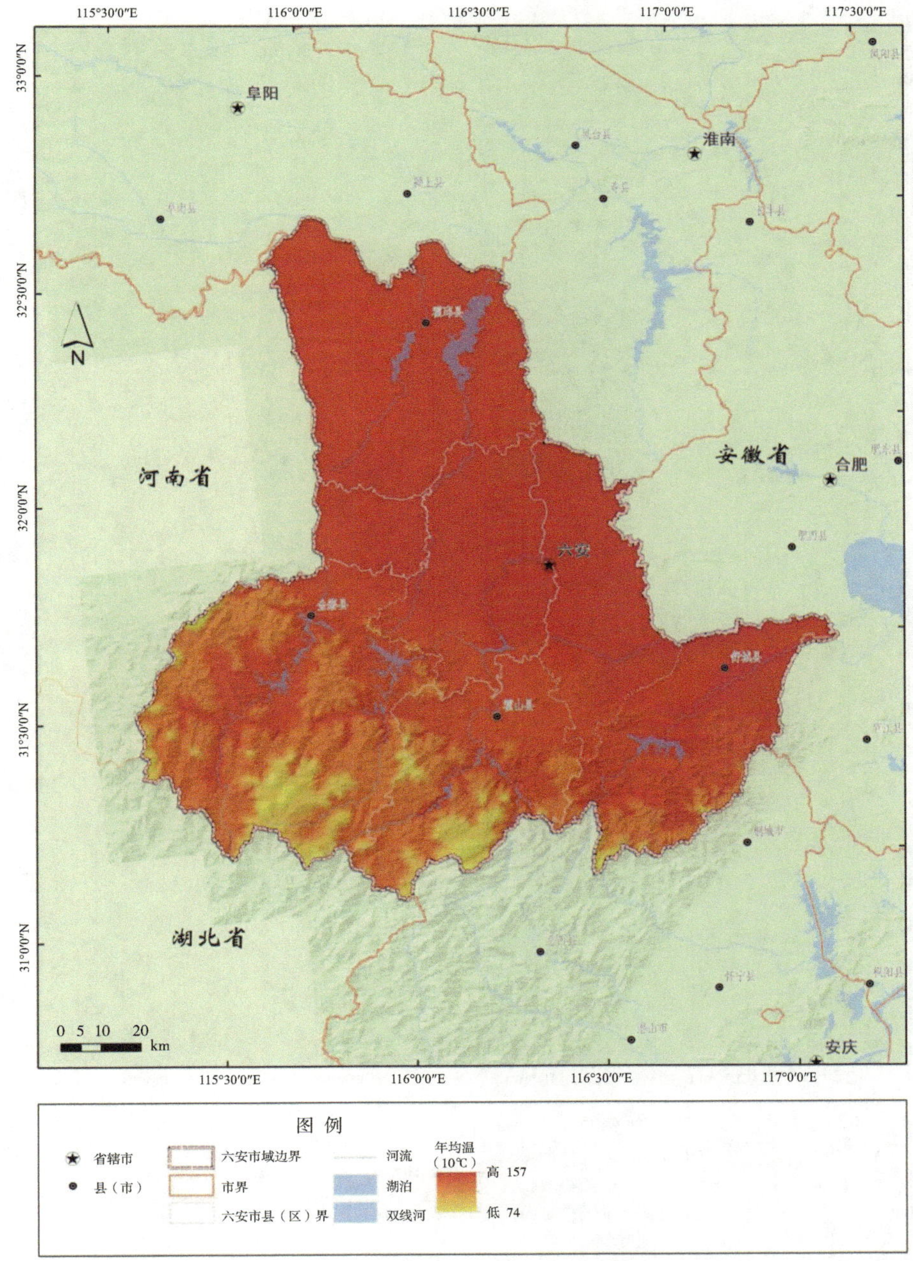

图 6-3 六安市多年平均温度分布

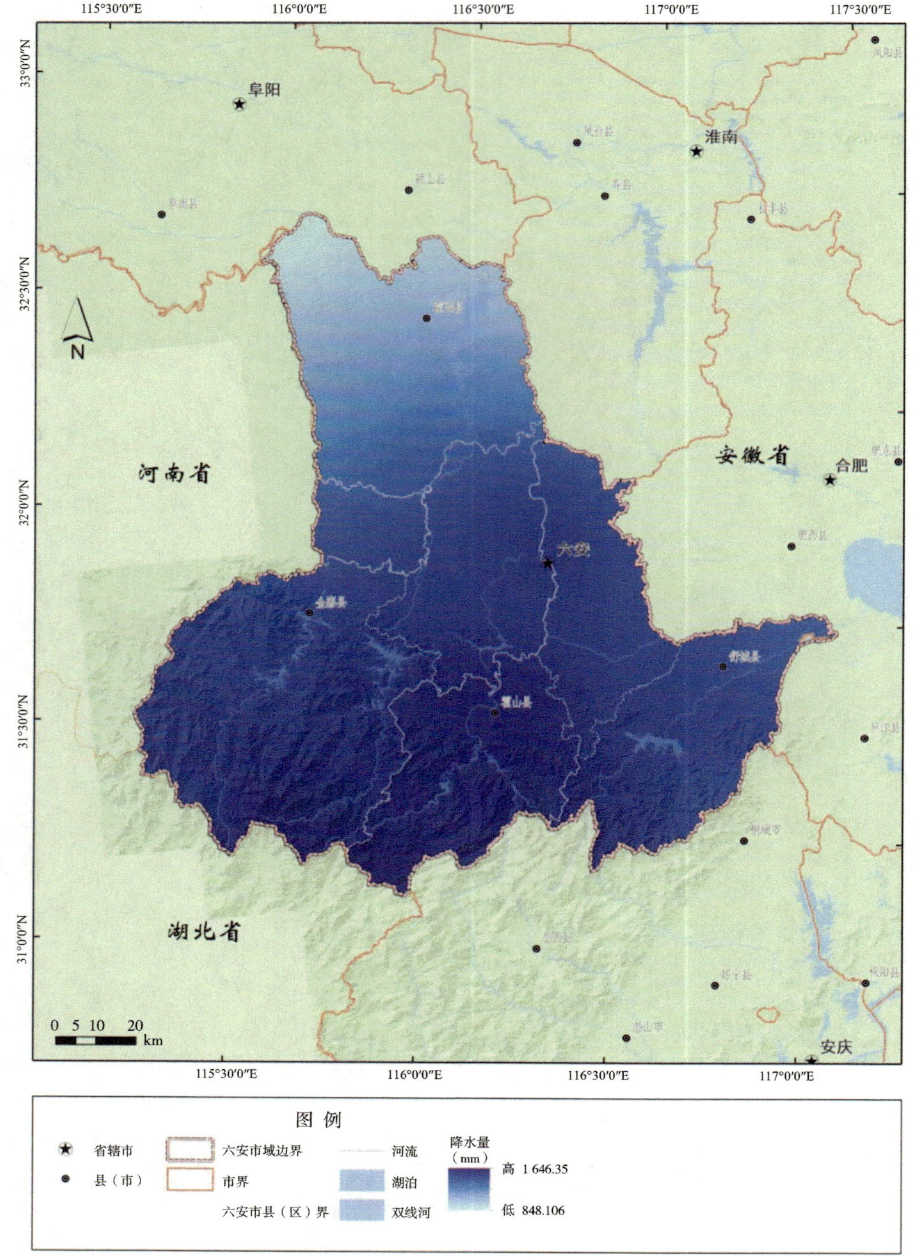

图 6-4　六安市多年平均年降水量分布

全市年平均相对湿度在 79%，年平均日照时数为 2 226 h，日照率达 50.8%。年均无霜期为 210～230 天。多年平均风速 2.5 m/s，最大风速 20 m/s，常年风向东南偏东。影响全市的灾害性天气主要是旱涝灾害。

（4）河流水系

六安市河流隶属于两个流域，即淮河流域和长江流域。其中一级支流 7 条，二级支流 21 条。境内流域面积为 100～1 000 km^2 的河流有 40 条，1 000～3 000 km^2 的河流有 8 条，5 000 km^2 以上的河流有 1 条。全市平均河网密度为 0.14 km/km^2（图 6-5）。

淮河发源于河南桐柏山，由六安市霍邱县临水镇入境，在寿县郝家圩出境，流经六安市河道长达 125 km，约占淮河总长度的 12.5%。主要支流有淠河、史河、汲河、沣河、东淝河；长江在六安市境内主要支流有杭埠河、丰乐河。

淠河既是六安市也是安徽省淮河右岸最大的一条支流，发源于大别山天堂寨，全长 253 km，流域面积 6 000 km^2。在两河口有东淠河和西淠河两条支流汇入，两河口以下称作淠河。西淠河从金寨县响洪甸水库坝下至六安市裕安区淠河横排头水利枢纽闸坝，全长 33 km，其中金寨县约 6 km，裕安区约 27 km。东淠河从佛子岭水库大坝下至六安市裕安区两河口，全长 45 km，其中霍山县境内河长 38 km，裕安区境内河长 17 km，包括两县区界河长约 4.5 km。东、西淠河汇合后，淠河总干渠从渠首横排头水利枢纽行经三里岗进入六安市区，穿过六安市区至九里沟，下游经罗官节制闸过青龙堰经肥西流至合肥董铺水库，全长 56.8 km，其中金安区 33.5 km，裕安区 23.3 km，灌溉面积为 49.4 万亩。

六安市主要河流情况见表 6-1。

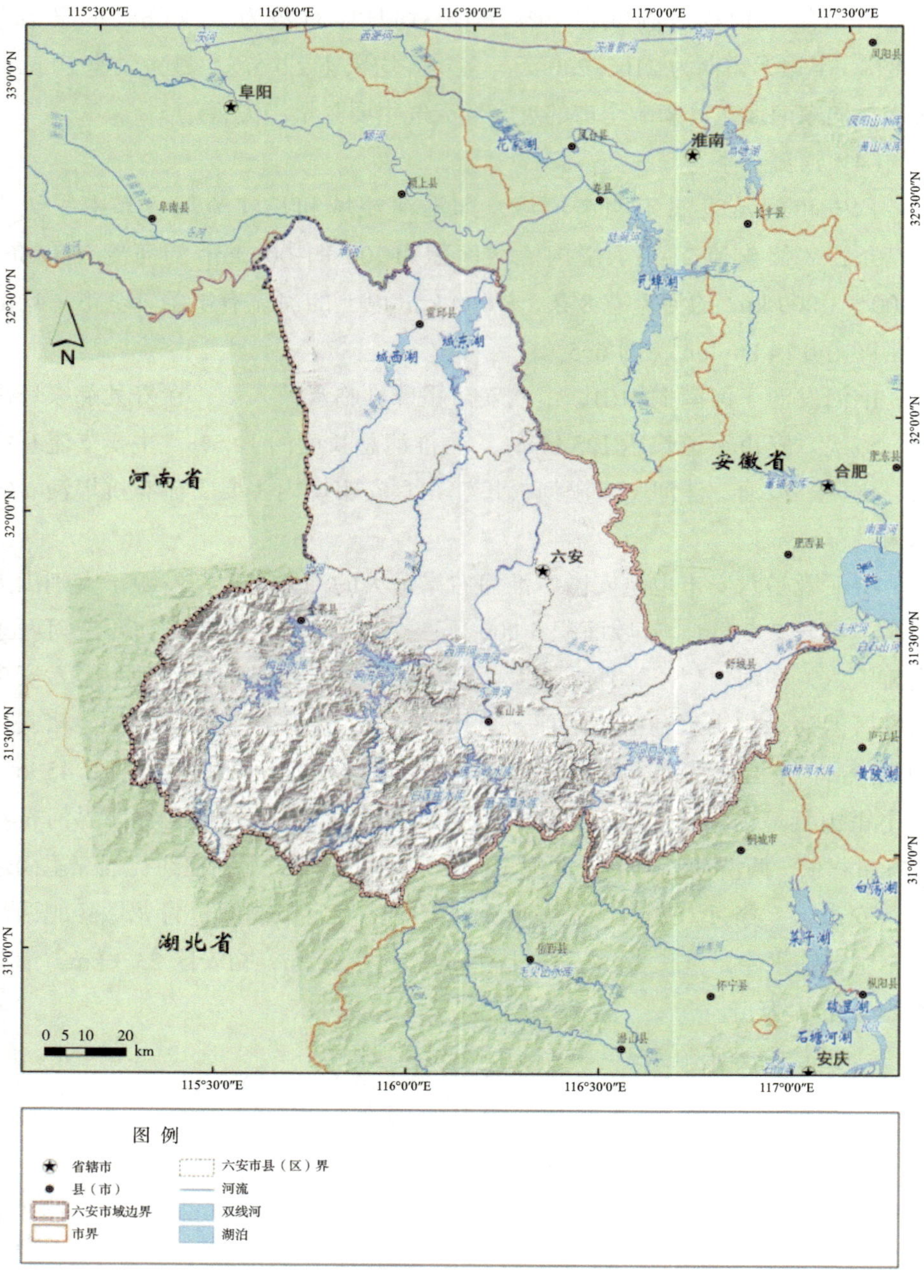
115°30′0″E
116°0′0″E
116°30′0″E
117°0′0″E
117°30′0″E
33°0′0″N
32°30′0″N
32°0′0″N
31°30′0″N
31°0′0″N
阜阳
淮南
合肥
六安
安庆
河南省
安徽省
湖北省
城西湖
城东湖
瓦埠湖
花家湖
黄陂湖
白荡湖
菜子湖
嬉里湖
石塘河湖
阜南县
颍上县
凤台县
寿县
长丰县
霍邱县
金寨县
霍山县
舒城县
肥西县
肥东县
庐江县
桐城市
岳西县
怀宁县
潜山县
枞阳县
凤阳县
N
0 5 10 20
km
图 例
省辖市
县（市）
六安市域边界
市界
六安市县（区）界
河流
双线河
湖泊

图 6-5　六安市河流水系

表 6-1　六安市主要河流基本情况

流域	水系	河流名称	境内河长 /km	境内流域面积 /km^2	流经县、区	备注
淮河	淮河	淮河	125	14 912	霍邱县	干流
	史河	史河	120	2 685	金寨县、叶集试验区	一级支流
	淠河	东淠河	103	2 697	霍山县、裕安区	二级支流
		西淠河	68	1 585	金寨县、裕安区	二级支流
		淠河（包括东、西淠河）	253	5 569.4	金寨县、霍山县、金安区、裕安区、霍邱县	一级支流
	淮河	汲河	160	2 200	霍邱县、金寨县、裕安区	一级支流
	淮河	沣河	75	1 750	叶集试验区、霍邱县	一级支流
	淮河	东淝河	152	2 157.1	金安区	一级支流
长江	巢湖	杭埠河	97.17	1 587.5	舒城县	一级支流
	巢湖	丰乐河	112.45	1 354	金安区、舒城县	一级支流

截至目前，六安市现有市级饮用水水源 5 个：六安市一水厂水源地（在用）、二水厂水源地（在用）、东城水厂水源地（在用）、新城水厂水源地（在用）和大公堰水源地（备用）。县级饮用水水源 8 个：霍山县佛子岭水库水源地（在用）、霍山县前进水库水源地（备用）、舒城县杭埠河水源地（在用）、舒城县杭埠河水源地（备用）、金寨县梅山水库水源地（在用）、金寨县响洪甸水库水源地（备用）、霍邱县城东湖水源地（在用）、霍邱县淮河水源地（备用）。

（5）土壤植被

六安市的土壤随着地形起伏呈有规律的分布，由南向北、从高到低大致顺序为山地草甸土、山地酸性棕壤、粗骨土、黄棕壤性土、（普通）黄棕壤、棕色石灰土、紫色土、黏盘黄棕壤、淹育型水稻土、渗育型水稻土、潴育型水稻土、漂洗型水稻土、潜育型水稻土、砂姜黑土、灰潮土、（黄）潮土（图 6-6）。

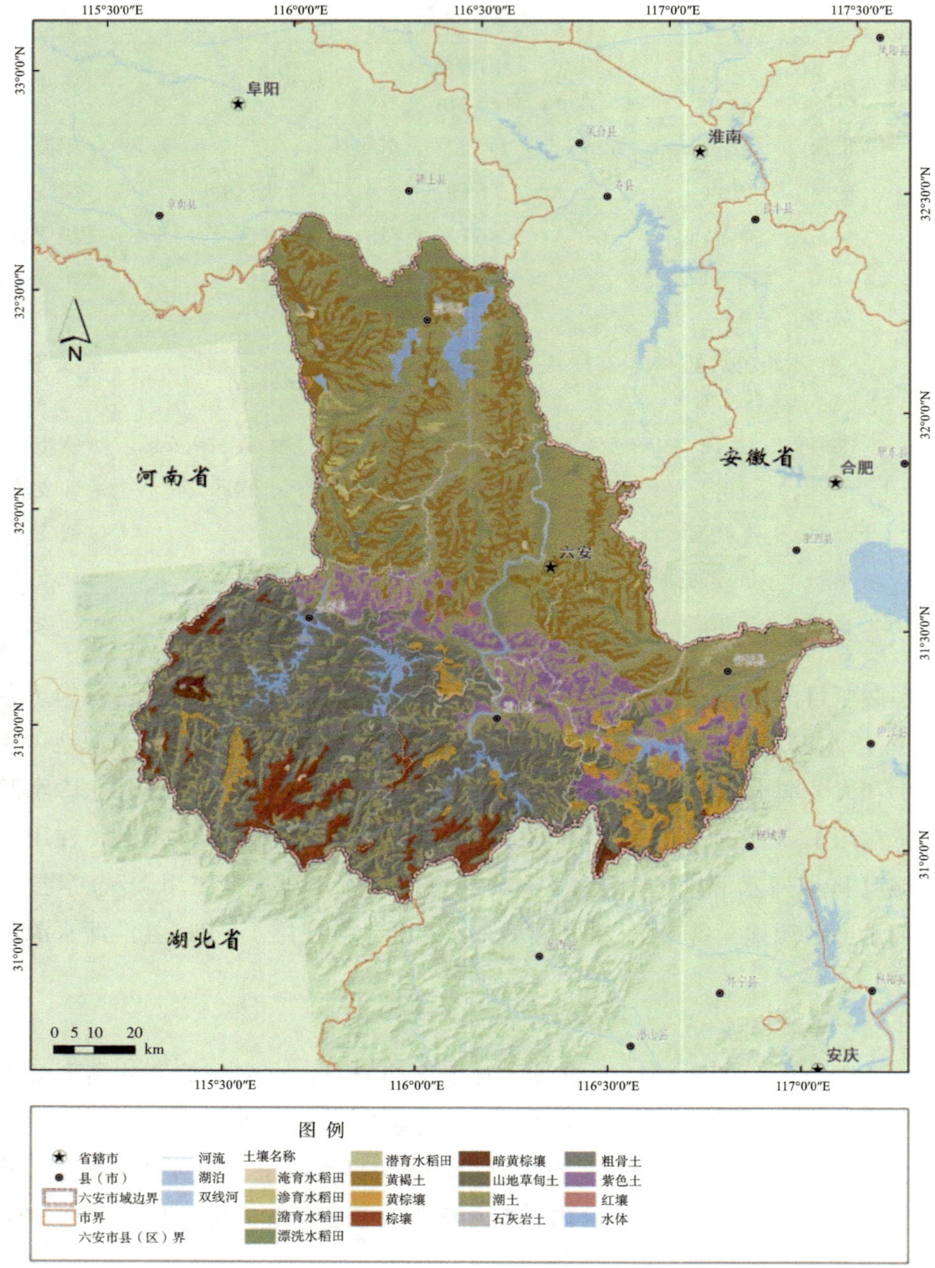
115°30′0″E
116°0′0″E
116°30′0″E
117°0′0″E
117°30′0″E
33°0′0″N
32°30′0″N
32°0′0″N
31°30′0″N
31°0′0″N
阜阳
淮南
安徽省
合肥
河南省
六安
湖北省
安庆
N
0 5 10 20
km
图 例
省辖市
县（市）
六安市域边界
市界
六安市县（区）界
河流
湖泊
双线河
土壤名称
淹育水稻田
渗育水稻田
潴育水稻田
漂洗水稻田
潜育水稻田
黄褐土
黄棕壤
棕壤
暗黄棕壤
山地草甸土
潮土
石灰岩土
粗骨土
紫色土
红壤
水体

图 6-6 六安市土壤类型

黄棕壤为六安市境内最重要的地带性土壤，分布于西南部的山地丘陵和中部岗地。在金寨县、霍山县、舒城县及金安区和裕安区等县区由长岗片麻岩、片岩等岩石构成的山地丘陵，以（普通）黄棕壤和黄棕壤性土为主；而在中部（金安区及裕安区东北部、霍邱县南部、舒城县北部）的波状起伏岗地，则大面积地分布着黏盘黄棕壤，是境内主要的农、林用地。水稻土广泛分布于全市各地，为境内最主要的耕作土壤，占土壤总面积的 36%。其中潴育型水稻土占水稻土面积的 91.8%，岗地和平原较为集中成片；潮土呈带状断续地分布于淮河、淠河、史河、杭埠河两岸的冲积平原，占土壤总面积的 5%，是主要耕作土壤之一，其中黄潮土主要出现在寿县正阳关—菱角一线以北地区。紫色土壤见于舒城县龙河口—金安区毛坦厂—霍山县三尖铺—金寨县江店一带。

森林植被：六安地区森林植被为亚热带落叶与常绿阔叶混交林，长绿阔叶林比重较小，只见于山区低海拔局部避风向阳的湿润谷地，树种有较耐寒的青冈栎、石栎、东青和紫楠、湘楠等。落叶阔叶林比重较大，在山区有栓麻栎、麻栎、毛栗树占优势的大片林地和化香、山槐、朴树等占优势的成片山场；在河岸、河滩和山谷地带，有以江南桤树、枫杨、赤杨、河柳为主的小片林地；在丘陵和平原地带，主要有刺槐、中槐、苦栎、枫香、臭椿、柳、榆、白杨、泡桐、梧桐、法国梧桐、重阳木、黄连木等。依照树种组成，全区共分为六大群落：松林群落、松栎混交群落、松栎群落、柳树与枫杨群落、杉木群落、竹林群落和次生灌丛。

草本植被：全区以乔本科、菊科、毛茛科植物为主，蕨类、蔷薇科植物为次。海拔 1 000 m 以上土层瘠薄的山脊，多形成以野古草、大油芒草占优势的植被群落，低山、丘陵以白芒草、芒草占优势；岗地、平原则以黄背草、白杨草、金茅草、芪草、蟋蟀草、毛茛、野菊、马兰头、蒿、蓼、灰苋、萱草、菖蒲、蒲公英为多见。

农作物植被：全区以及丘陵、山丘盆地以水稻为主，平原湾地以小麦为主，其次为油菜、山芋、玉米、大豆、棉花、麻类和红花草（图 6–7）。

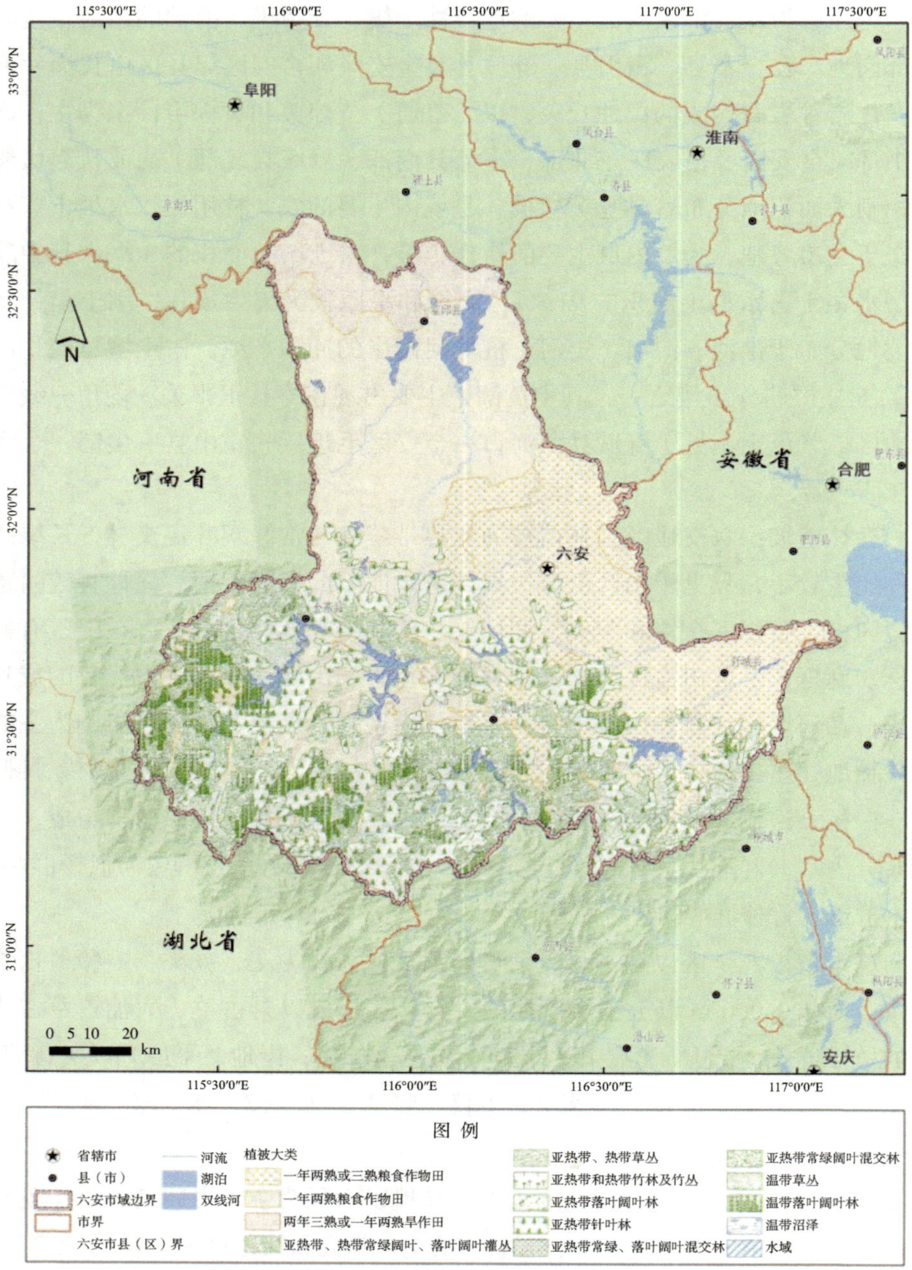
115°30′0″E
116°0′0″E
116°30′0″E
117°0′0″E
117°30′0″E
33°0′0″N
32°30′0″N
32°0′0″N
31°30′0″N
31°0′0″N
阜阳
淮南
合肥
六安
安庆
河南省
安徽省
湖北省
N
0 5 10 20
km
图 例
省辖市
县（市）
六安市域边界
市界
六安市县（区）界
河流
湖泊
双线河
植被大类
一年两熟或三熟粮食作物田
一年两熟粮食作物田
两年三熟或一年两熟旱作田
亚热带、热带常绿阔叶、落叶阔叶灌丛
亚热带、热带草丛
亚热带和热带竹林及竹丛
亚热带落叶阔叶林
亚热带针叶林
亚热带常绿、落叶阔叶混交林
亚热带常绿阔叶混交林
温带草丛
温带落叶阔叶林
温带沼泽
水域

图 6-7　六安市植被类型

（6）自然资源

2018 年六安全市水资源总量为 119.85 亿 m^3，较多年平均值增加 43.3%。其中地表水资源量为 117.76 亿 m^3，地下水资源量为 20.78 亿 m^3，地表水与地下水不重复计算量为 2.09 亿 m^3。全市人均水资源量为 2 478 m^3。全市入境水量为 29.28 亿 m^3（不包括淮河干流），出境水量为 106.77 亿 m^3。2018 年全市 6 座大型水库和城东湖、城西湖年末蓄水量为 34.17 亿 m^3，较年初减少 8.10 亿 m^3；6 座中型水库年末蓄水总量为 0.182 亿 m^3。用水总量为 23.07 亿 m^3，水资源开发利用率为 19.25%，人均用水量为 477.1 m^3。

2018 年，全市单位 GDP 能耗同比下降 3.58%，降幅高于年度控制目标 1.61 个百分点；全市能源消费总量为 558.56 万 t 标准煤，较上年净增 20.35 万 t 标准煤，低于年度控制目标 9.65 万 t 标准煤，能耗“双控”目标顺利完成。

矿产资源总量大，品种多。已发现矿藏 59 种，探明储量 56 种，石油、天然气也有较好找矿前景。其中，霍邱铁矿已探明储量 30 亿 t，居华东第一、全国第五；金寨沙坪沟钼矿储量约 235 万 t 以上，居世界第二。

全市国土总面积为 15 450 km^2，其中耕地面积为 6 650.37 km^2，集中分布在北部平原地区；林业用地为 5 164.57 km^2，集中分布在南部山区，其中有林地面积 2 725.34 km^2；建设用地面积 1 066.95 km^2。全市 2018 年土地覆被类型分布情况如图 6-8 所示。

6.1.2 经济社会发展状况

（1）经济总量保持较快增长，人均 GDP 和城镇化水平偏低

2018 年年末，全市户籍人口有 588.6 万人，据全省人口变动抽样调查统计，2018 年六安全市常住人口有 483.7 万人，城镇化率为 46.1%，低于全省平均城镇化率水平（54.69%）。

2018 年全市实现地区生产总值（GDP）1 288.1 亿元，按可比价格计算，比上年增长 7.6%。分产业看，第一产业增加值 196.7 亿元，增长 2.9%；第二产业增加值 523.1 亿元，增长 8.6%；第三产业增加值 568.3 亿元，增长 8.6%。三次产业结构为 15.3 : 40.6 : 44.1。按常住人口计算，人均生产总值为 26 731 元，低于全省平均水平（47 712 元），居倒数第三位[103]。

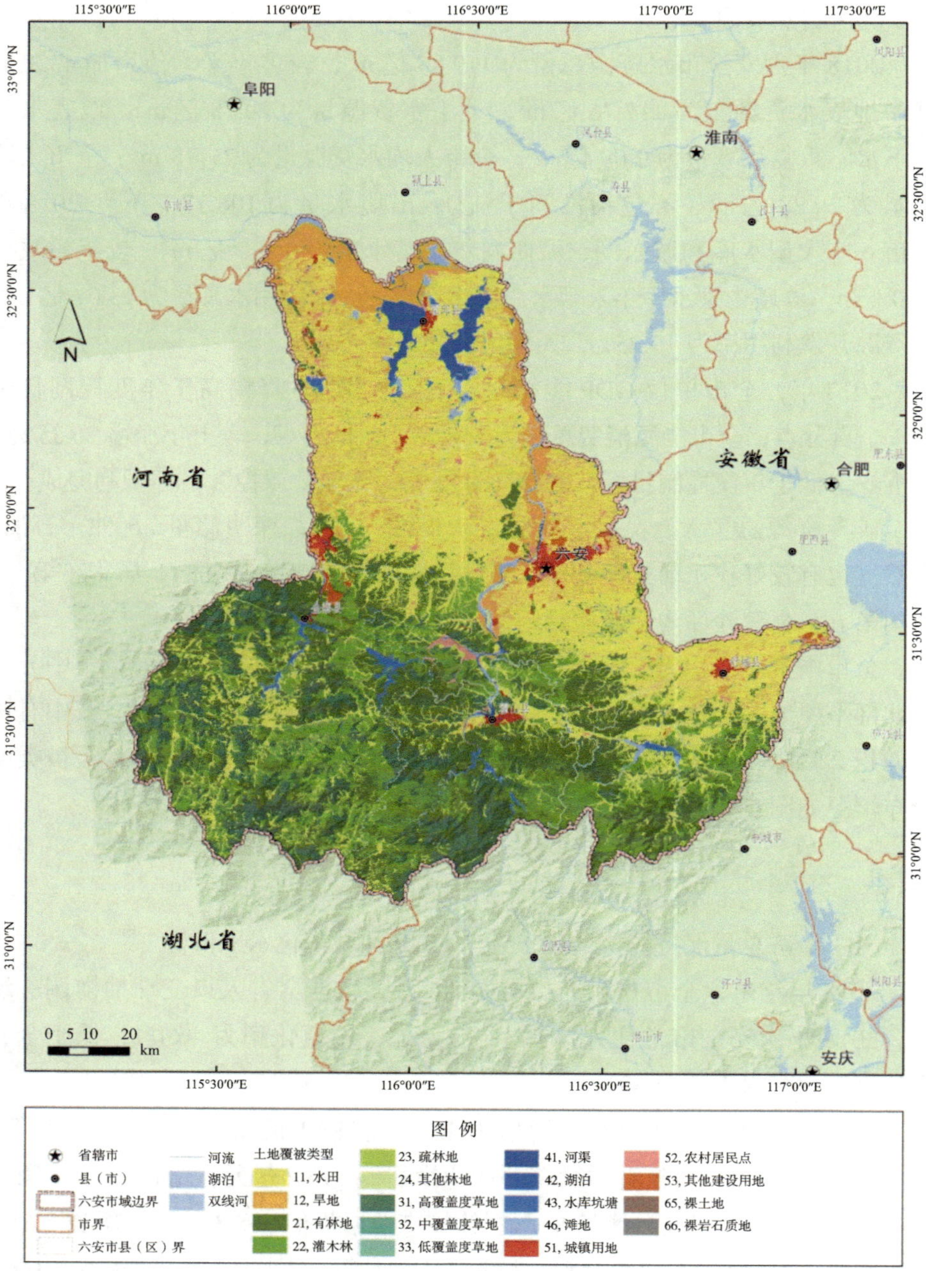

图 6-8 六安市 2018 年土地覆被类型分布

（2）产业结构较为合理，产业布局有待优化调整

2018 年，第一产业增加值 196.7 亿元，增长 2.9%；第二产业增加值 523.1 亿元，增长 8.6%；农林渔牧服务业、金融业、房地产业、营利性服务业等第三产业增长较快，第三产业增加值 568.3 亿元，增长 8.6%。三次产业结构为 15.3：40.6：44.1。按常住人口计算，人均生产总值为 26 731 元，比上年增加 2 325 元。产业布局方面，目前六安市园区经济和组团经济格局初显，但工业园区的基础设施投入仍然不足，园区产业特色划分不明确，产业定位相对模糊，产业空间布局有待进一步优化调整。

（3）城市规模扩张较快，有待加强有序开发

2018 年全市启动城市总体规划修改，审查批准了三十铺镇、城南镇等 10 个乡镇建设规划，强化规划管理，硬化规划执行。推动完善县城总体规划、控制性规划和多规合一，规划水平不断提高。积极创建全国文明城市、国家卫生城市，成功获得"全国文明城市"提名。县城建设持续发力，"两治三改"、黑臭水体治理、地下综合管廊建设等加快推进，功能配套不断完善。统筹特色小镇、历史文化名镇、传统村落建设，完成 65 个国家级乡村旅游扶贫村"八个一"工程建设。近年来，六安市城乡居住建设用地不断扩张，土地利用方式发生了变化，耕地有所减少，林地、绿地等生态用地被挤占，城市用地低效扩张产生的生态问题逐渐显现。

6.1.3 生态环境保护现状

（1）地表水水质状况总体为优

2018 年六安市地表水总体水质状况为优。六安市 21 条河流中淠河总干渠、史河、西淠河、东淠河、漫水河、竹根河、杭埠河、姚家河、丰乐河、河棚河、胡家河、东流河、扫帚河、马槽河和辉阳河年均水质为优；淠东干渠、淠河、沣河和汲河年均水质良好，朱槽沟年均水质为中度污染，民主河年均水质为重度污染。

2018 年六安市河流总体水质为优，30 个断面中Ⅰ～Ⅲ类水质断面 27 个，占 90.0%，Ⅳ类水质断面 1 个，占 3.4%，Ⅴ类水质断面 1 个，占 3.3%，劣Ⅴ

类水质断面 1 个，占 3.3%。

2018 年六安市水库总体水质为优，29 个监测点位水质类别为Ⅰ～Ⅲ类的 27 个，占 93.1%，其余监测点位水质为Ⅳ类。梅山水库、响洪甸水库、佛子岭水库、磨子潭水库、白莲崖水库和龙河口水库年均水质均为优，城东湖年均水质为良，城西湖年均水质为轻度污染。梅山水库、响洪甸水库和白莲崖水库水质营养状态为贫营养，城西湖水质营养状态为轻度富营养，其他湖库营养状态均为中营养。

2018 年六安市城市集中式饮用水水源地水质良好，水质达标率 100%。4 个县级集中式饮用水水源地水质达标率均为 100%。

（2）环境空气质量有待提高

2018 年六安市城区空气质量达标天数为 266 天，空气质量达标天数比例为 74.7%。城区环境空气中 $PM_{2.5}$ 年均浓度值为 45 μg/m^3，PM_{10} 年均浓度值为 79 μg/m^3，O_3 日最大 8 h 平均第 90 百分位数浓度为 170 μg/m^3，均未达到国家环境空气质量二级标准。SO_2 浓度年均值为 7 μg/m^3，NO_2 浓度年均值为 35 μg/m^3，CO 日均值第 95 百分位数浓度为 1.1 mg/m^3，均达到国家环境空气质量二级标准。与上年相比，SO_2、NO_2、PM_{10}、$PM_{2.5}$ 和 CO 日均值第 95 百分位数浓度分别下降 36.4%、7.9%、1.3%、4.3% 和 8.3%，O_3 8 h 平均第 90 百分位数浓度上升 9.0%。

（3）环境基础设施逐步完善，污染治理投资大幅增加

六安市主城区及县城均已建成污水处理厂和污水收集管网系统，在其他人口密集区或主要旅游景区建有分散式污水处理设施，部分有条件的县城建有垃圾填埋场（或焚烧厂）。截至 2017 年，城市和县城生活污水集中处理率达到 92%，全市建制镇生活污水集中处理率达到 42%。环境污染治理投资达到 19 332 万元，是 2016 年投资总额的 15.2 倍。

2018 年，六安市持续深入开展“绿盾 2018”自然保护区专项行动，81 个问题全部整改到位。完成 9 条城区黑臭水体和 116 个入河排污口整治。实施农村人居环境整治行动，推进农村垃圾、污水、厕所专项整治“三大革命”，全面完成农村陈年垃圾清理，启动 51 个乡镇污水处理设施建设，改厕 5.9 万

户。推进农村饮水安全工程，解决 90 万人饮水安全问题。

（4）全市积极开展生态示范创建

六安市现有国家级生态示范区 3 个、国家级生态县 1 个、国家级生态乡镇 19 个、国家级生态村 3 个、国家自然保护区 1 个、省级自然保护区 3 个，并开展了“四级联创”（市、县区、乡镇、村生态文明建设示范区创建）工作。

同时，统筹特色小镇、历史文化名镇、传统村落建设，2018 年，裕安区苏埠镇入选中国历史文化名镇，金寨电商小镇、霍山石斛小镇获批省级特色小镇，霍邱县临水镇、金寨县长岭乡、舒城县汤池镇获批安徽省千年古镇，毛坦厂镇浸堰村、天堂寨镇前畈村入选中国传统村落名录。持续抓好美丽乡村建设，整治建设 47 个乡镇政府驻地、221 个省级中心村、180 个县级中心村。

（5）水环境生态补偿考核断面稳定达标

2018 年六安市继续开展大别山区水环境生态补偿考核断面监测工作。考核断面为陶洪集、西淠河金寨县出境、裕安区进入主城区一水厂处、杭淠干渠金安区出境处。2018 年，市级 4 个生态补偿考核断面均达到考核目标要求。2018 年，罗管闸省级考核断面生态补偿系数（P 值）为 0.781，达到考核目标 $P \leqslant 1.0$ 的要求，但与 2017 年相比，P 值上升 0.052，水质有所下降。

6.1.4 生态功能分区

参考安徽省生态功能区划研究成果[104]，结合六安市域生态系统的空间差异性和生态区位的关联性及社会经济分异规律，本书将全市划分为 3 个生态区、8 个生态功能区（表 6-2）。

表 6-2 六安市生态功能区情况

序号	生态区	生态功能区	所在区域
1	Ⅰ北部沿淮平原生态区	$Ⅰ_1$ 沿淮平原农业与湖泊湿地生态功能区	霍邱
2	Ⅱ江淮丘陵岗地生态区	$Ⅱ_1$ 江淮分水岭旱作农业与土壤侵蚀控制生态功能区	金安区东北部地区

续表

序号	生态区	生态功能区	所在区域
2	Ⅱ江淮丘陵岗地生态区	$Ⅱ_2$杭丰圩畈农业与面源污染控制生态功能区	舒城县东北部、金安区东南部地区
		$Ⅱ_3$霍邱西部丘陵岗地农业生态功能区	霍邱县西部丘陵地区
		$Ⅱ_4$六寿霍丘陵岗地农业与水源保护生态功能区	霍邱县东南部、裕安区的大部分地区
		$Ⅱ_5$城市生态功能区	六安城区为核心，结合周围三十铺、苏埠、分路口等城镇和叶集区
3	Ⅲ南部大别山生态区	$Ⅲ_1$梅响磨佛水库水源涵养与生物多样性保护生态功能区	金寨县全部、霍山县大部、六安市辖区西南部地区
		$Ⅲ_2$龙河口水库上游水源涵养与水土保持生态功能区	舒城县中南部、霍山县东北部丘陵区以及金安区南部地区

（1）Ⅰ北部沿淮平原生态区（沿淮平原农业与湖泊湿地生态功能区）

位于六安市北部、淮河中游南岸，自河南省入境到淮南市以北地区，南与江淮丘陵岗地生态区相连，主要包括霍邱县。总面积为 2 800 km^2。本区地形总体上平坦，平均海拔 14～46 m，沿淮河分布有城西湖、城东湖和瓦埠湖，是淮河中游重要的湖泊区。该生态功能区内自然条件较好，农业生产功能明显，因此土壤主要类型以潴育水稻土、黄潮土为主，耕作制度多为一年两熟或两年三熟制，主要农作物有水稻、小麦、玉米、大豆等，经济作物有油菜、棉花等，另外，三大湖泊中水产品产量也很高。人为开垦种植程度高，农业耕作制度一般为两年三熟或一年两熟制。

（2）Ⅱ江淮丘陵岗地生态区

位于六安市中东部地区，西与河南省交界，东与肥西县交界，北与沿淮平原生态区相连，南与皖西大别山山地森林生态区相接，行政分区上包括合霍邱的南部、金安和裕安大部分、舒城县北部。六安城区位于该区内。该区为大别山向东延伸部分，江淮分水岭横贯中部，地貌类型复杂多样，主要包括低山、丘陵、岗地、湖滨与沿河平原。该区海拔一般在 200 m 以下，个别低山达 500 m。波状起伏的岗地主要为二级阶地，一般横距较大，多数较平坦，大多覆盖有厚层的第四纪沉积物，部分岗地横距较小，沉积物覆盖较薄，甚至基岩裸露。岗塝间冲底宽平。该区属北亚热带湿润季风气候，阳光充足，年平均日照时数为 2 100～2 200 h，东北部日照时数达 2 300 h 以上。年平均气温为 14.7～16.0℃，多年平均极端最低气温为 -9～-11℃；夏季平均气温为 28.0℃，极端最高气温为 41℃以上，气温年均差为 25～27℃，年均相对湿度为 75%～80%，无霜期为 210～230 天。该区年平均降水量为 900～1 100 mm，年蒸发量为 1 400～1 700 mm，降水季节分配不均，春季降水量占全年的 29%，夏季占 39%，秋季占 21%，冬季仅占 11%。由于处于过渡地带，冷暖气流交织频繁，降水年内年际变化均较大，常有干旱、低温、风雹、连阴雨等灾害性天气发生。该生态区共划分为 5 个生态功能区：

1）$Ⅱ_1$ 江淮分水岭旱作农业与土壤侵蚀控制生态功能区。位于金安区东北部地区。该区西北与淮河中下游洪水调蓄与平原农业生态亚区相接，东北与皖东丘陵与平原农业与生物多样性保育生态亚区相邻，南邻巢湖盆地农业与城镇生态亚区及滁河平原农业生态亚区，地理位置较好。该亚区地貌类型以丘岗为主，岗冲交错、地形破碎，长江与淮河分水岭脊线自西南向东北穿过。

2）$Ⅱ_2$ 杭丰圩畈农业与面源污染控制生态功能区。位于舒城县东北部、金安区东南部地区。自然条件良好，水资源丰富，巢湖流域最大支流杭埠-丰乐河就是从该区入巢湖，其他河流，如兆河、白石山河均穿过该区入巢湖，沿河滨湖地区广泛的圩畈平原区是农业高产区。

3）$Ⅱ_3$ 霍邱西部丘陵岗地农业生态功能区。位于本生态亚区西部，主要包括霍邱县西部丘陵地区。农业耕作制度为一年两熟制，主要农产品有水稻、小麦以及白鹅等畜禽产品。

4）$Ⅱ_4$ 六寿霍丘陵岗地农业与水源保护生态功能区。位于本生态区中部，主要包括霍邱县东南部、裕安区的大部分地区。农业耕作制度以一年两熟制为主，主要农作物有水稻、小麦、油菜、大豆等，家禽，尤其是“皖西白鹅”是该区特产。岗地多为马尾松林。矿产资源丰富，尤其是铁矿资源已进行了成规模开采。

5）Ⅱ_5 城市生态功能区。主要以六安城区为核心，由周围三十铺、苏埠、分路口等城镇和叶集区组成，包括六安城区 8 个街道、平桥乡、九里沟乡、望城岗镇、三十铺镇、先生店乡、城北乡、新安镇、徐集镇、分路口镇、韩摆渡乡、苏埠镇。

（3）Ⅲ南部大别山生态区

位于安徽省西部、大别山北麓，行政区划上包括金寨县全部、霍山县大部、六安市辖区南部和岳西县北部地区，面积为 8 246 km^2。该区西与河南省、湖北省交界，北与江淮丘陵岗地生态区相接，南与东分别与本生态区的其他两个生态亚区相邻。该生态亚区生物多样性丰富，植被保护良好，境内分布有多处国家级和省级自然保护区、森林公园，皖西六大水库有五座分布于该区内。该生态区分为两个生态功能区：

1）Ⅲ_1 梅响磨佛水库水源涵养与生物多样性保护生态功能区。位于本亚区西部，行政区划包括金寨县全部、霍山县大部、六安市辖区西南部地区，面积为 6 746 km^2。年均降水量 1 400 mm 左右，是安徽省的降水次中心。本生态功能区以森林生态系统为主，植被类型属暖温带落叶阔叶林向亚热带常绿阔叶林过渡型，植被垂直分布带谱明显，野生动植物资源丰富，区系成分复杂，特有种多。天马国家级自然保护区内保存了大批珍稀、古老孑遗物种和典型、多样的生物群落，目前已查明维管束植物有 2 000 多种，陆栖脊椎动物 200 多种，其中国家重点保护的野生植物有大别山五针松、香果树、杜仲等 25 种，而且该区还是香果树、领春木、大别山五针松、连香树、鹅掌楸、金钱松、天女花、厚朴、大鲵、原麝等保护物种的集中分布区，其中，有中国特有植物 13 属及地方特有动植物十余种，被喻为“大别山区的天然物种基因库”。该区还是淮河重要支流史河、淠河的发源地和下游梅山、响洪甸、磨子潭和佛子岭四大水库的水源涵养区。

2）Ⅲ_2 龙河口水库上游水源涵养与水土保持生态功能区。位于本亚区东部，行政区划包括舒城县中南部、霍山县东北部丘陵区以及金安区南部地区，主要为龙河口水库上游汇水区及下游部分地区。该区北接江淮丘陵岗地生态区的巢湖盆地农业与城镇生态亚区，南邻皖江沿江平原生态区的大别山南麓山前丘陵平原农业生态亚区。该区地貌类型以低山丘陵为主，在龙河口水库下游有畈区平原分布。生态功能区以森林生态系统为主，植被类型属暖温带落叶阔叶林向亚热带常绿阔叶林过渡型，境内生物多样性丰富，该区还是巢湖最大支流杭埠河的发源地及龙河口水库（万佛湖）的水源涵养区，以龙河口水库为主要水源的杭埠河灌区还是淠史杭灌区的重要组成部分。

6.2 六安市物质产品实物量和价值量核算

6.2.1 物质产品实物量核算指标

生态系统提供的物质产品实物量核算考虑了当地特色作物，本书调查统计了 2018 年六安市农业、林业、畜牧业、渔业产品等从生态系统获取、在市场交易的产品，这些物质产品作为人类生活、生产与发展的食物或原材料，可产生直接的经济效益。物质产品产量及产值数据均来自年度六安市统计年鉴。调查统计的物质产品指标见表 6-3。

表 6-3 六安市生态系统提供的物质产品核算指标

类别	项目	内容	指标
农业产品	粮食作物	谷物	稻谷、小麦、玉米、谷子、高粱、大麦、糜子、莜麦、荞麦、粟谷、青稞、杂粮
		豆类	大豆、绿豆、红小豆
		薯类	马铃薯、甘薯、木薯
	油料	油料	花生、油菜籽、芝麻、胡芝麻、向日葵籽
	棉花	棉花	棉花
	麻类	麻类	黄红麻、亚麻、苎麻、大麻
	糖类	糖类	甘蔗、甜菜
	烟叶	烟叶	烤烟
	药材	药材	中药材
	蔬菜	蔬菜	含菜用瓜
	茶叶	茶叶	红茶、绿茶、青茶、黑茶、黄茶、白茶、其他茶
	瓜果	瓜果	西瓜、甜瓜、草莓

续表

类别	项目	内容	指标
农业产品	水果	水果	香蕉、苹果、柑橘、橙、柚、梨、菠萝、葡萄、龙眼、猕猴桃、荔枝、椰子、桃子、红枣、柿子、杏子、山楂、石榴、樱桃、枇杷、橄榄、李子、杨梅、杧果
	特色作物	特色作物	咖啡、胡麻、葵花、苜蓿、莲子、番茄、辣椒、打瓜籽、啤酒花、香料作物、园参、腰果、剑麻
林业产品	木材	木材	木材
	其他林产品	橡胶	橡胶
		松脂	松脂
		生漆	生漆
		油桐籽	油桐籽
		油茶籽	油茶籽
畜牧业产品	畜禽	肉类	猪肉、牛肉、羊肉、禽肉、兔肉、骆驼肉
	奶类	奶类	牛奶、羊奶
	禽蛋	禽蛋	鸡蛋、鸭蛋、鹅蛋等
	动物皮毛	动物皮毛	细绵羊毛、半细绵羊毛、羊绒、山羊毛、驼绒、牛皮、山羊皮、绵羊皮
	其他畜产品	其他畜产品	蜂蜜、柞蚕茧、桑蚕茧
渔业产品	淡水产品	淡水产品	鱼类、虾蟹类、贝类、其他

6.2.2 物质产品价值量核算

2018年六安市各县区生态系统提供的物质产品经济价值核算结果见表6-4。

表6-4 2018年六安市各县区生态系统物质产品提供价值量 单位：亿元

类别	金安区	裕安区	叶集区	霍邱县	舒城县	金寨县	霍山县	六安市
农业	31.20	33.19	9.64	40.00	21.05	18.64	13.29	167.02
林业	2.62	8.04	1.01	8.49	10.37	4.16	3.54	38.23
畜牧业	15.73	25.44	7.19	38.47	16.49	9.04	7.43	119.78
渔业	3.99	4.89	0.82	12.90	6.97	2.70	4.12	36.38
合计	53.53	71.55	18.66	99.86	54.88	34.55	28.38	361.41

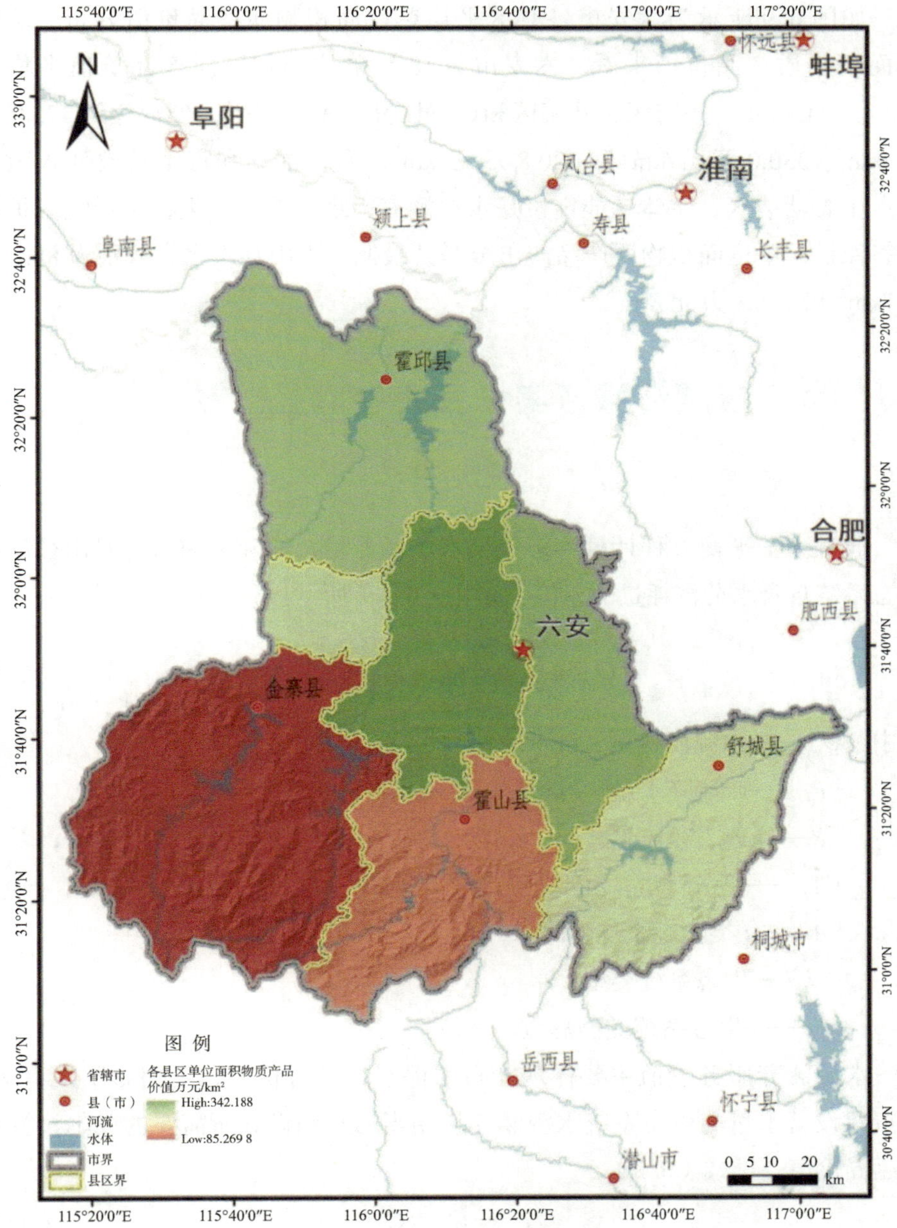

图 6-9　六安市各县区平均单位面积物质产品价值分布

如图 6-9 所示为六安市各县区平均单位面积物质产品价值分布。从单位面积物质产品价值来看，六安市 2018 年单位面积物质产品价值平均为 233.8 万元 /km^2，裕安区、叶集区和金安区高于平均水平，分别达到 375.0 万元 /km^2、330.0 万元 /km^2 和 320.8 万元 /km^2，而金寨县和霍山县被列入国家重点生态功能区，主体功能定位是水源涵养、水土保持、生物多样性维护等生态保护，单位面积物质产品产出金寨县最低，霍山县次之，分别为 88.0 万元 /km^2 和 138.8 万元 /km^2。

6.3 六安市调节服务实物量和价值量核算

6.3.1 水源涵养服务

通过水量平衡方程计算生态系统水源涵养量，取降水输入与暴雨径流和生态系统自身水分消耗量的差值。如式（6-1）所示。

$$Q_{\mathrm{wr}} = \sum_{i=1}^{n} A_i \times \left(P_i - R_i - \mathrm{ET}_i\right) \times 10^{-3} \qquad (6\text{-}1)$$

式中：Q_{wr}——水源涵养量，m^3/a；

P_i——产流降水量，mm/a；

R_i——地表径流量，mm/a；

ET_i——蒸散发量，mm/a；

A_i——i 类生态系统的面积，m^2；

i——生态系统类型；

n——生态系统类型总数。

水源涵养服务价值主要体现在蓄水保水的经济价值，运用影子工程法，模拟建设蓄水量与生态系统水源涵养量相当的水利设施所需要的成本核算水源涵养价值。见式（6-2）。

$$V_{\mathrm{wr}} = Q_{\mathrm{wr}} \times C_{\mathrm{we}} \qquad (6\text{-}2)$$

式中，V_{wr}——水源涵养价值，元 /a；

Q_{wr}——核算区内总的水源涵养量，m^3/a；

C_{we}——影子工程修建水库的单位库容工程造价及维护成本，元 /m^3。

2018 年各县区降水量、径流量数据源于《2018 年六安市水资源公报》[105]。2018 年安徽省及周边气象站点小型蒸发量等气象数据来源于中国气象数据网[106]。小型蒸发量数据通过蒸发皿系数以及水面与陆面蒸发转换系数折算成陆面多年平均潜在蒸散量（ET_0）。

土地覆被类型包括耕地、林地、草地、水域、居民地和未利用土地 6 个一级类型以及 25 个二级类型。2018 年安徽省土地覆被数据源于中国科学院资源环境科学数据中心的中国土地利用遥感监测数据，该数据以遥感影像数据作为主信息源，通过人工目视解译获取，空间分辨率为 30 m，地理坐标系为 GCS_Krasovsky_1940，投影坐标系采用 Albers 正轴等面积割圆锥投影[107]。

ω_x 是像元 x 上无量纲表征宏观植被类型影响下的流域下垫面特征参数。Zhang 等对世界 257 条流域实测资料进行的最小二乘法拟合分析以及国内相关研究表明，随植被种类不同，ω 取值为 0.1～2.0。未利用地和裸地的 ω 值一般小于 0.5，六安取 0.3。矮草与庄稼为 0.5，森林为 2.0，草场、庄稼与林地混合型为 1.0 左右。基于研究区 LULC 数据为每种土地覆被类型赋相应的推荐 ω 参数[108, 109]。

水库单位库容的工程造价及维护成本，参考中华人民共和国审计署 2013 年第 23 号公告《长江三峡工程竣工财务决算草案审计结果》，2018 年单位库容工程造价取 7.32 元 /m^3[110]。由此计算得出，六安市生态系统水源涵养价值 2018 年为 670.00 亿元。水源涵养量最高的是金寨县，其次是霍邱县。2018 年六安市生态系统水源涵养服务实物量和价值量核算结果见表 6-5。

表 6-5　2018 年六安市生态系统水源涵养服务实物量和价值量

行政区域	降水量 / 亿 m^3	径流量 / 亿 m^3	实际蒸散发量 / 亿 m^3	水源涵养量 / 亿 m^3	水源涵养价值 / 亿元
金安区	22.9	9.86	2.50	10.54	77.15
裕安区	28.4	12.19	2.55	13.66	99.99
叶集区	8.3	3.51	0.66	4.13	30.23

续表

行政区域	降水量 / 亿 m^3	径流量 / 亿 m^3	实际蒸散发量 / 亿 m^3	水源涵养量 / 亿 m^3	水源涵养价值 / 亿元
霍邱县	38.5	14.71	3.75	20.04	146.69
舒城县	32.5	17.07	3.98	11.45	83.81
金寨县	63.5	37.23	5.26	21.01	153.79
霍山县	37.2	23.19	3.30	10.71	78.40
六安市	231.3	117.76	22.01	91.53	670.00

6.3.2 土壤保持服务

生态系统提供水土保持服务，通过林冠层、枯落物、根系等各个层次保护土壤，削减降雨侵蚀力，增加土壤抗蚀性，减少土壤流失。将生态系统减少的土壤侵蚀量作为土壤保持量，用潜在土壤侵蚀量与实际土壤侵蚀量的差值来测算。实际土壤侵蚀量是指当前地表植被覆盖情形下的土壤侵蚀量，潜在土壤侵蚀是指没有地表植被覆盖情形下可能发生的土壤侵蚀量。土壤保持量主要基于修正的通用水土流失方程（RUSLE）计算。见式（6-3）。

$$Q_{sr} = R \times K \times L \times S \times (1 - C \times P) \qquad (6\text{-}3)$$

式中：Q_{sr}——土壤保持量，t/a；

R——降雨侵蚀力因子，用多年平均年降雨侵蚀力指数表示；

K——土壤可蚀性因子，通常用标准样方上单位降雨侵蚀力所引起的土壤流失量来表示；

L——坡长因子（无量纲）；

S——坡度因子（无量纲）；

C——植被覆盖和管理因子（无量纲）；

P——水土保持措施因子（无量纲）。

生态系统土壤保持价值主要包括减少面源污染和减少泥沙淤积两个方面的价值。生态系统通过保持土壤，减少氮、磷等土壤营养物质进入下游水体（包括河流、湖泊、水库和海湾等），可降低下游水体的面源污染。根据土壤保持量和土壤中氮、磷的含量，运用替代成本法（污染物处理的成本）核算减少面源污染的价值。

生态系统通过保持土壤，减少水库、河流、湖泊的泥沙淤积，有利于降低干旱、洪涝灾害发生的风险。根据土壤保持量和淤积量，运用替代成本法（水库清淤工程的费用）核算减少泥沙淤积价值。见式（6-4）～式（6-6）。

$$V_{sr} = V_{sd} + V_{dpd} \tag{6-4}$$

$$V_{sd} = \lambda \times \left(Q_{sr} / \rho\right) \times c \tag{6-5}$$

$$V_{dpd} = \sum_{i=1}^{n} Q_{sr} \times C_i \times P_i \tag{6-6}$$

式中：V_{sr}——生态系统土壤保持价值，元 /a；

V_{sd}——减少泥沙淤积价值，元 /a；

V_{dpd}——减少面源污染价值，元 /a；

Q_{sr}——土壤保持量，t/a；

c——单位水库清淤工程费用，元 /m^3；

ρ——土壤容重，t/m^3；

λ——泥沙淤积系数；

i——土壤中氮、磷等营养物质数量，i=1，2，…，n；

C_i——土壤中氮、磷等营养物质的纯含量，%；

P_i——处理成本。

土壤类型的空间分布及属性数据（含土壤机械组成，土壤容重，土壤中氮、磷含量等）源于全国第二次土壤普查以及中科院南京土壤研究所的中国 1∶100 万土壤数据库[111-113]。坡度坡长数据由 30 m 分辨率数字高程模型（DEM）派生获得。植被覆盖度由最大化归一化植被指数（normal differential vegetation index，NDVI）数据派生得到，AVHRR-NDVI 数据源于美国地球观测系统（Earth Resources Observation System，EROS）数据中心的探路者数据集（Pathfinder Data Set，PDS）[114]。图像空间分辨率为 1 km × 1 km。采用最大值合成法（maximum value composite，MVP）计算逐旬的 AVHRR-NDVI 数据，并生成各月的 NDVI 图像，以尽可能消除云层影响。

我国主要土壤类型的 K 值和主要土地覆被类型的 C 值、P 值分别见表 6-6 和表 6-7 [115-118]。

表 6-6　部分土壤类型 K 值（英制单位）

土壤类型	K 值	土壤类型	K 值	土壤类型	K 值
草褐土	0.362 6	湿潮土	0.353 7	淋溶棕壤	0.240 2
潮土	0.340 1	石灰性褐土	0.349 6	沙姜潮土	0.340 1
粗草棕壤	0.240 2	山地草甸土	0.213 7	盐潮土	0.411 6
褐土	0.322 1	沼泽草甸土	0.213 6	生草棕壤	0.240 2
棕土	0.215 7				

表 6-7　主要土地覆被类型的 C 值、P 值

覆被类型	森林	灌丛	园地	水田	旱地	水域	城市及建筑用地	裸地	草地
C 值	0.005	0.099	0.18	0.18	0.228	0	0	1	0.112
P 值	1	1	0.69	0.15	0.352	0	0.01	1	1

水土保持服务中土壤保持和减少泥沙淤积的价值量估算采用替代成本法，以清淤工程挖取土方的成本来替代。参考 2002 年黄河水利出版社出版的《中华人民共和国水利部水利建筑工程预算定额》（上册）和《建设工程工程量清单计价规范》（GB 50500—2013）[119, 120]，换算得出 2018 年水库清淤工程费用，挖取单位体积土方所需费用为 48.7 元 /m^3。

我国实行的环境保护税是调节环境污染外部性的经济手段，从庇古税理论来看，有效率的环境保护税征收标准等于污染物的边际社会治理成本。因此，本研究估算减少氮、磷面源污染的服务价值时采用环境保护税应税污染物税额来替代环境工程治理水体中单位当量氮、磷的边际治理成本。根据《环境保护税税目税额表》《应税污染物和当量值表》，经 2018 年 12 月 20 日安徽省十二届人大常委会第四十二次会议审议批准，确立安徽省应税大气污染物适用税额标准暂定为每污染当量 1.2 元，应税水污染物适用税额标准暂定为每污染当量 1.4 元[121]。总氮应纳税额为：1.4 元 ÷［0.8（氨氮当量）×0.5

（总氮与氨氮换算系数）] ×1 000=3 500 元 /t；总磷应纳税额为 1.4 元 ÷0.25（总磷当量）×1 000=5 600 元 /t。

依据修正的通用水土流失方程（RUSLE）计算得到全市土壤保持总量 2018 年为 5.79 亿 t。泥沙淤积系数统一取值为 0.24，土壤容重根据安徽省土壤属性数据库取全市平均土壤容量为 1.35 t/m^3，由此计算得出，2018 年因生态系统土壤保持功能而减轻水体中泥沙淤积的体积为 1.03 亿 m^3。土壤中氮、磷含量参考相关文献，对于皖西大别山区实测土壤总氮、总磷的平均含量浓度分别为 1.43 g/kg 和 0.48 g/kg [122]。由此计算 2018 年因生态系统土壤保持功能而使全市减少氮面源污染 82.74 万 t，减少磷面源污染 27.77 万 t。2018 年六安市生态系统减少泥沙淤积价值 50.09 亿元，减少氮面源污染价值 28.96 亿元，减少磷面源污染价值 15.55 亿元，土壤保持服务总价值 94.60 亿元。2018 年六安市土壤保持服务实物量和价值量核算结果见表 6-8。

表 6-8 2018 年六安市生态系统土壤保持服务实物量和价值量

行政区域	土壤保持服务实物量				土壤保持服务价值 / 亿元
	土壤保持量 / 万 t	减少泥沙淤积量 / 万 m^3	减少氮面源污染 / 万 t	减少磷面源污染 / 万 t	
金安区	991.02	176.18	1.42	0.48	1.62
裕安区	1 624.56	288.81	2.32	0.78	2.66
叶集区	154.62	27.49	0.22	0.07	0.25
霍邱县	390.56	69.43	0.56	0.19	0.64
舒城县	7 127.99	1 267.20	10.19	3.42	11.65
金寨县	31 079.01	5 525.16	44.44	14.92	50.82
霍山县	16 489.62	2 931.49	23.58	7.92	26.96
六安市	57 857.39	10 285.76	82.74	27.77	94.60

6.3.3 洪水调蓄服务

库塘湿地调蓄洪水的能力以自然年内蓄水量的变异情况来计算，通过整理分析得出《2018 年六安市水资源公报》中大中型水库的实测年内蓄水动态

（表 6-9 和图 6-10），采用市域内分布的各个水库年内最大蓄量与最小蓄量的差值估算。湖泊的面积以当年遥感影像解译得到的“42 湖泊”类型，直接计算分布面积。沼泽湿地洪水调蓄能力以洪水期平均最大淹没深度（取 1 m）来表征沼泽地表滞水高度，结合沼泽面积（以遥感影像解译得到的“46 滩涂”类型计）计算沼泽地表滞水量。

表 6-9　2018 年六安市各大中型水库蓄水动态　　单位：亿 m^3

湖库名称	所属县区	湖库类型	2018 年内最大蓄量	2018 年内最小蓄量	2018 年差值
佛子岭	霍山县	大型水库	3.32	1.45	1.87
磨子潭	霍山县	大型水库	1.80	0.63	1.17
白莲崖	霍山县	大型水库	1.97	0.95	1.02
梅山	金寨县	大型水库	13.51	7.41	6.11
响洪甸	金寨县	大型水库	13.55	10.14	3.41
龙河口	舒城县	大型水库	5.16	2.91	2.24
水门塘	霍邱县	中型水库	0.062	0.017	0.045
老圈行	霍邱县	中型水库	0.132	0.062	0.07
蝎子山	霍邱县	中型水库	0.067	0.024	0.043
合计			39.57	23.59	15.98

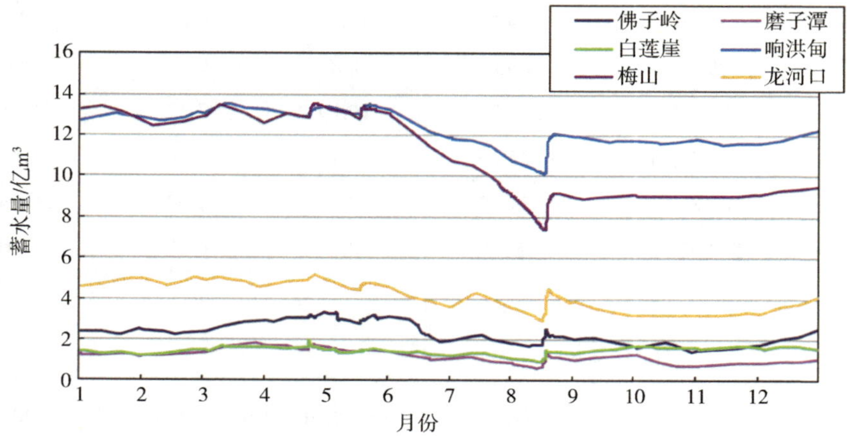

图 6-10　2018 年六安市各大型水库蓄水过程

六安市生态系统洪水调蓄服务实物量与价值量核算结果见表 6-10。

表 6-10　2018 年六安市生态系统洪水调蓄服务实物量与价值量

行政区域	湖泊面积 / km^2	湖泊调蓄量 / 万 m^3	滩涂面积 / km^2	沼泽调蓄量 / 万 m^3	综合调蓄量 / 万 m^3	洪水调蓄服务价值 / 亿元
金安区	0.00	0.00	6.07	607.13	607.13	0.44
裕安区	0.00	0.00	39.26	3 925.74	3 925.74	2.87
叶集区	0.00	0.00	0.31	31.05	31.05	0.02
霍邱县	205.80	178 580.89	90.44	9 044.31	189 205.21	138.5
舒城县	0.00	0.00	26.46	2 645.96	25 045.96	18.33
金寨县	0.00	0.00	2.30	229.78	95 429.78	69.85
霍山县	0.00	0.00	18.03	1 802.93	42 402.93	31.04
六安市	205.80	178 580.89	182.87	18 286.90	356 647.80	261.05

6.3.4　空气净化服务

根据空气净化服务实物量核算方法，六安市二氧化硫、氮氧化物未超过环境空气质量二级标准，故采用污染物排放量核算净化服务实物量。PM_{10} 与 $PM_{2.5}$ 的年均浓度超过二级标准，本章采用单位面积森林生态系统吸滞 $PM_{2.5}$ 的净化量来表示生态系统净化颗粒物污染服务的实物量。根据《安徽省森林生态连清与生态系统服务研究》，六安市林地面积为 72.89 万 hm^2，吸滞细颗粒物（$PM_{2.5}$）量达 121.82 万 kg/a，计算得到单位面积林地可吸滞 $PM_{2.5}$ 达 167.13 kg/（km^2 · a）[123]。

大气环境中单位二氧化硫、氮氧化物的治理成本，采用《中华人民共和国环境保护税法》的征收标准。安徽应税大气污染物适用税额标准暂定为每污染当量 1.2 元[121]。二氧化硫和氮氧化物应纳税额均为 1 263 元 /t。森林生态系统吸滞 $PM_{2.5}$ 价值以减少 $PM_{2.5}$ 排放造成的健康危害经济损失来估算。根据 D. J. Nowak 等 2013 年对美国 10 个城市绿色植被吸附 $PM_{2.5}$ 及对健康价值影响研究，人民币兑美元汇率按照 2013 年平均汇率 6.289 7 计算，折算 2018 年

单位 $PM_{2.5}$ 排放造成的健康损失为 5 043.9 元 /kg[124]。

六安市 2018 年生态系统提供空气净化服务实物量和价值量估算结果见表 6-11。

表 6-11 2018 年六安市生态系统空气净化服务实物量和价值量

行政区域	SO_2 排放量 / t	NO_x 排放量 / t	林地面积 / km^2	林地吸滞 $PM_{2.5}$ 量 /t	空气净化服务价值 / 亿元
金安区	1 342.07	1 557.44	285.87	47.78	2.45
裕安区	944.20	877.33	442.46	73.95	3.75
叶集区	149.67	51.99	118.44	19.80	1.00
霍邱县	800.72	385.08	9.89	1.65	0.10
舒城县	599.56	263.37	1 036.04	173.15	8.74
金寨县	702.70	209.04	2 022.56	338.03	17.06
霍山县	335.97	914.64	1 250.10	208.93	10.55
六安市	4 874.88	4 258.88	5 165.36	863.29	43.65

6.3.5 水质净化服务

2018 年六安市国控考核断面共 11 个，全部为Ⅰ～Ⅲ类，52 个省控监测断面（点位）中水质为Ⅰ～Ⅲ类的有 47 个，占 90.4%；饮用水水源地水质达标率 100%，故近似认为当年污染物排放量未超过地表水水域环境容量。六安市生态系统水质净化服务实物量以化学需氧量、氨氮当年排放量做估算。

环境工程降解成本为治理水环境中单位化学需氧量、氨氮的成本，采用《中华人民共和国环境保护税法》中的税收标准，安徽应税水污染物适用税额标准暂定为每污染当量 1.4 元[121]；化学需氧量应纳税额为 1 400 元 /t，氨氮应纳税额为 1 750 元 /t。

表 6-12 汇总了 2018 年六安市生态系统提供的水质净化服务实物量和价值量核算结果。

表 6-12　2018 年六安市生态系统提供水质净化服务实物量和价值量

行政区域	COD_{Cr} 排放量 /t	氨氮排放量 /t	水质净化服务价值 / 亿元
金安区	7 162.95	720.58	0.11
裕安区	7 581.60	774.25	0.12
叶集区	1 905.47	201.49	0.03
霍邱县	9 749.67	995.75	0.15
舒城县	6 351.32	650.24	0.10
金寨县	4 350.13	444.03	0.07
霍山县	2 700.85	274.10	0.04
六安市	39 801.98	4 060.43	0.63

6.3.6　固碳释氧服务

2018 年净初级生产力（NPP）数据基于 GLO-PEM 模型生成，源于全国生态环境 10 年变化遥感调查与评估项目，空间分辨率为 250 m × 250 m，时间分辨率为年，数据格式为 GRID。根据光合作用化学方程式，采用净生态系统生产力（NEP），测算陆地生态系统固定二氧化碳和释放氧气的质量。

参考《陆地生态系统生产总值（GEP）核算技术指南》中各地理区和各省不同生态系统 NEP 和 NPP 的转换系数，得到安徽省森林的转换系数 α 为 0.163，灌丛 α 为 0.112，草地 α 为 0.129，湿地 α 为 0.045。根据 2018 年六安市土地覆被状况，综合平均转换系数取 0.144 55。

固碳价格源于中国碳排放交易网我国主要城市的碳市场平均成交价格[125]。考虑到安徽省在长江经济带中的区位特征，选取上海市和湖北省在 2018 年平均碳交易成交价格作为当年固碳单价。上海市 2018 年成交额为 8 840.23 万元，成交量为 235.70 万 t；湖北省 2018 年成交额为 20 011.39 万元，成交量为 890.76 万 t，平均成交价 25.6 元 /t。根据中国供应商网 2015 年安徽省医用氧气价格[126]，40 L 规格储气量为 5 800 L，氧气的密度为 1.429 克 /L，零售价格为 30 元，得出 2015 年医用氧气市场价格 3 620 元 /t，2018 年换算为 3 956 元 /t。

表 6-13 汇总了 2018 年六安市生态系统提供固碳释氧服务实物量和价值量核算结果。

表 6-13 2018 年六安市生态系统提供固碳释氧服务实物量和价值量

行政区域	NPP/ 万 t	NEP/ 万 t	固碳总量 / 万 t	固碳释氧服务价值 / 亿元
金安区	75.50	4.85	17.79	5.16
裕安区	89.85	5.77	21.16	6.14
叶集区	23.89	1.53	5.63	1.63
霍邱县	118.31	7.60	27.87	8.09
舒城县	109.90	7.06	25.89	7.51
金寨县	230.45	14.80	54.28	15.76
霍山县	118.50	7.61	27.91	8.10
六安市	766.40	49.24	180.53	52.40

6.3.7 气候调节服务

根据拟合 Budyko 曲线的经验公式和不同生态系统类型的经验参数，计算全市各生态系统实际蒸散发量。生态系统实际蒸散发量计算方法和参数来源与水源涵养实物量和价值量核算一致。电价取安徽省居民生活用电第一档电价，为 0.565 3 元 /（kW · h）。气候调节服务核算结果见表 6-14。

表 6-14 2018 年六安市各县区气候调节服务实物量和价值量

行政区域	实际蒸散发量 / 亿 m^3	降温增湿电量 / 亿 kW · h	气候调节服务价值 / 亿元
金安区	2.5	106.45	60.17
裕安区	2.55	108.58	61.38
叶集区	0.66	28.10	15.89
霍邱县	3.75	159.67	90.26
舒城县	3.98	169.46	95.80
金寨县	5.26	223.96	126.61
霍山县	3.3	140.51	79.43
六安市	22.01	937.16	529.53

6.3.8 物种保育服务

六安市与物种保育相关的自然保护地主要包括 1 个国家级自然保护区、3 个省级自然保护区、1 个国家级湿地公园、2 个国家级森林公园、5 个省级森林公园、5 个国家级水产种质资源保护区和 1 个省级水产种质资源保护区（表 6-15）。

表 6-15 六安市各类自然保护地名录

序号	名称	所属行政区	保护级别	批复时间	批复面积 / km^2
1	安徽天马国家级自然保护区	金寨县	国家级	1982.06 1990.04	289.14
2	安徽舒城万佛山省级自然保护区	舒城县	省级	1995.12.21	19.36
3	安徽霍山佛子岭省级自然保护区	霍山县	省级	2000.12.22	66.67
4	安徽霍邱东西湖省级自然保护区	霍邱县	省级	2001.04.06	142.00
5	六安淠河国家湿地公园	裕安区	国家级	2011.12	44.48
6	天堂寨国家级森林公园	金寨县	国家级	1992.07	120.00
7	万佛山国家级森林公园	舒城县	国家级	2002.12	20.00
8	燕山省级森林公园	金安区	省级	1992.11	12.00
9	南岳山省级森林公园	霍山县	省级	1993.01	36.67
10	安阳山省级森林公园	霍邱县	省级	2007.08	4.09
11	龙井沟省级森林公园	裕安区	省级	2011.12	1.00
12	仙女寨省级森林公园	舒城县	省级	2012.08	3.18
13	城西湖国家级水产种质资源保护区	霍邱县	国家级	2008	13.33
14	万佛湖国家级水产种质资源保护区	舒城县	国家级	2010	48.00
15	城东湖国家级水产种质资源保护区	霍邱县	国家级	2010	20.00
16	长江河宽鳍鱲马口鱼国家级水产种质资源保护区	金寨县	国家级	2012	18.00
17	漫水河蒙古红鲌国家级水产种质资源保护区	霍山县	国家级	2013	6.67
18	城东湖芡实省级水产种质资源保护区	霍邱县	省级	2009	20.00

各类自然保护地的名录和矢量边界源于六安市林业局提供的电子图件资料，将各类自然保护地叠图后计算六安市各县区自然保护地的投影面积。自然保护区保护成本包括为了自然保护区的建立和管理直接投入的成本，以及放弃自然资源利用而付出的代价或机会成本[127]。经测算，2014 年，全国自然保护区的保护成本为 5 049 亿元，总面积为 147 万 km^2，单位面积年均保护成本约为 3 434.69 元 /hm^2。2018 年保护成本取 3 865.77 元 /hm^2。物种保育服务价值核算结果见表 6-16。金寨、霍邱和霍山三县的自然保护地分布较多，物种保育服务价值较高。

表 6-16　2018 年六安市各县区自然保护地面积与物种保育服务价值

行政区域	自然保护地投影面积 /hm^2	物种保育服务价值 / 万元
金安区	1 876.36	725.36
裕安区	4 110.86	1 589.16
叶集区	0.00	0.00
霍邱县	15 270.31	5 903.15
舒城县	4 760.28	1 840.21
金寨县	28 908.06	11 175.19
霍山县	10 538.77	4 074.05
六安市	65 464.63	25 307.12

6.3.9　调节服务核算汇总

2018 年六安市生态系统提供的调节服务总价值为 1 654.68 亿元，其中价值最高的是水源涵养服务，为 670 亿元，占调节服务总价值的 40.5%；其次为气候调节服务，其价值占调节服务总价值的 32%（表 6-17）。

表 6-17　2018 年六安市生态系统调节功能实物量与价值量汇总

功能科目	核算科目	实物量	单位	单价	价值量 / 亿元	总价值 / 亿元
水源涵养	水源涵养量	91.53	亿 m^3	7.32 元 /m^3	670.00	670.00
土壤保持	减少泥沙淤积	1.03	亿 m^3	48.7 元 /m^3	50.09	94.60
	减少面源污染－氮	82.74	万 t	3 500 元 /t	28.96	
	减少面源污染－磷	27.77	万 t	5 600 元 /t	15.55	
洪水调蓄	湖泊调蓄量	17.86	亿 m^3	7.32 元 /m^3	130.72	261.08
	水库调蓄量	15.98	亿 m^3	7.32 元 /m^3	116.97	
	沼泽调蓄量	1.83	亿 m^3	7.32 元 /m^3	13.39	
空气净化	净化量（SO_2）	4 874.88	t	1 263 元 /t	0.06	43.66
	净化量（NO_x）	4 258.88	t	1 263 元 /t	0.05	
	净化量（$PM_{2.5}$）	863.29	t	5 043.9 元 /kg	43.54	
水质净化	净化量（COD）	39 801.98	t	1 400 元 /t	0.56	0.63
	净化量（氨氮）	4 060.43	t	1 750 元 /t	0.07	
固碳释氧	固定二氧化碳量	180.53	万 t	25.6 元 /t	0.46	52.40
	释放氧气量	131.30	万 t	3956 元 /t	51.94	
气候调节	生态系统蒸腾降温	598.75	亿 kW·h	0.565 3 元 /（kW·h）	338.47	529.77
	生态系统蒸腾增湿	338.40	亿 kW·h	0.565 3 元 /（kW·h）	191.30	
物种保育	自然保护地投影面积	6.55	万 hm^2	3 865.77 元 /hm^2	2.53	2.53
总价值合计				1 654.68		

如图 6-11 所示为 2018 年六安市各县区单位面积生态系统调节服务价值的分布情况。各县区平均单位面积调节服务价值差异明显，3 个市辖区由于城镇化相对集中，硬化地表面积较大，森林和湿地等调节服务较强的生态系统类型分布面积较少，其平均单位面积调节服务价值较低。地处山区的霍山、舒城、金寨自然禀赋较好，湖库湿地棋布、森林生态系统分布广，霍邱湖泊

面积大，洪水调蓄量大，平均单位面积调节服务价值较高。

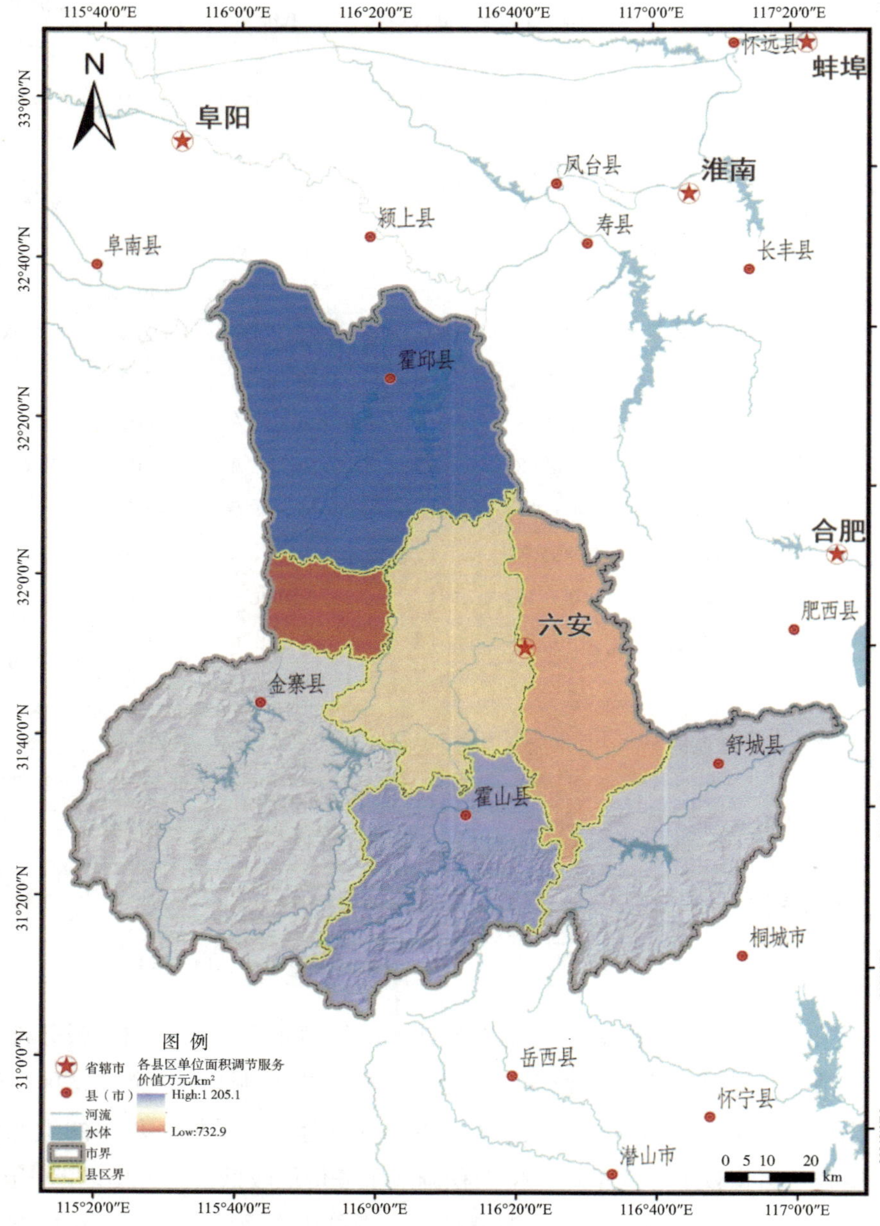

图 6-11　六安市各县区单位面积生态系统调节服务价值分布

6.4 六安市文化服务实物量和价值量

本研究对生态系统文化服务价值评估以景观游憩价值为代表，通常评价自然资源的旅游休憩价值采用旅行费用法评估生态系统价值，采用内涵定价法分析良好生态环境对房产价值的提升作用。旅行费用法和内涵价值法对于六安市休闲旅游价值的研究基础较薄弱，因此本书采用市场价值法来替代，以当年国内旅游收入和国际旅游外汇收入总和的 70% 估算区域生态系统休闲旅游功能的价值量。2018 年，六安市接待海外游客 12.62 万人次，接待国内游客 4 052.12 万人次。旅游总收入为 254.17 亿元，生态系统文化服务（休闲旅游服务）价值为 177.92 亿元（表 6-18）。

表 6-18　2018 年六安市生态系统文化服务价值汇总

行政区域	文化服务价值 / 亿元	单位面积价值 /（万元 /km^2）
金安区	35.14	210.6
裕安区	36.44	191.0
叶集区	2.59	45.8
霍邱县	19.91	61.4
舒城县	22.9	108.5
金寨县	26.09	66.5
霍山县	34.85	170.5
六安市	177.92	115.1

全市文化服务总价值最高的是裕安区、金安区和霍山县，分别为 36.44 亿元、35.14 亿元和 34.85 亿元，最低的是叶集区，为 2.59 亿元。全市单位面积文化服务价值最高的是金安区，金安区紧邻省会合肥，交通便利，旅游服务业较发达。金寨县虽然具备丰富的旅游资源，但是受旅游开发水平、交通、配套基础设施等因素影响，单位面积文化服务价值较低。各县区单位面积文化服务价值分布情况如图 6-12 所示。

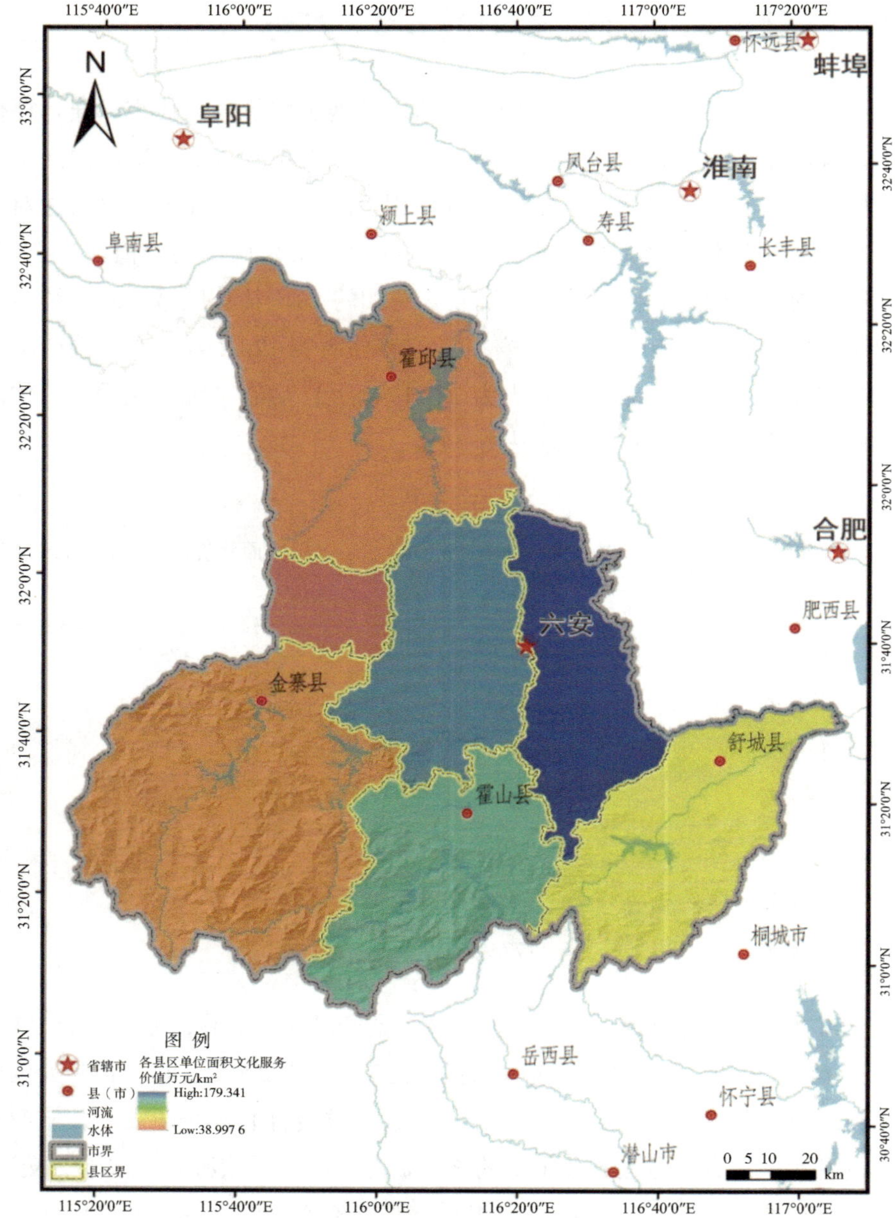

图 6-12　六安市各县区单位面积文化服务价值分布

6.5 小结

6.5.1 2018 年六安市 GEP 核算汇总

2018 年六安市 GEP 总量为 2 194.01 亿元，其中物质产品价值 361.41 亿元，占全市 GEP 的 16.47%；生态系统调节服务价值为 1 654.68 亿元，占全市 GEP 的 75.42%；生态系统文化服务价值 177.92 亿元，占全市 GEP 的 8.11%。六安市国土面积为 15 461.16 km^2，单位面积 GEP 为 1 419.05 万元 /km^2（表 6-19）。

表 6-19 2018 年六安市生态系统生产总值（GEP）核算结果

服务功能类别		GEP/ 亿元	占比 /%
物质产品		361.41	16.47
调节服务	水源涵养	670.00	30.54
	土壤保持	94.60	4.31
	洪水调蓄	261.08	11.90
	空气净化	43.66	1.99
	水质净化	0.63	0.03
	固碳释氧	52.40	2.39
	气候调节	529.77	24.15
	物种保育	2.53	0.12
文化服务		177.92	8.11
总 计		2 194.01	100.00

核算结果显示，GEP 总量中占比最高的是生态系统调节服务价值，其中水源涵养价值最高，其次为气候调节服务、洪水调蓄，此外还包括土壤保持、固碳释氧、空气净化等服务价值。

2018 年六安市国内生产总值（GDP）为 1 288.05 亿元，占 GEP 的 58.71%。从 GEP 核算过程可以看出，生态系统的物质产品服务价值可以在市场中得到实现，文化服务一定程度上也可以通过市场途径带来经济效益，而生态系统调节服务往往无法通过传统市场体现经济价值，其生态效益无法在传统国民经济核算中体现，因而容易被忽视。

6.5.2 GEP 核算技术方法局限性

所采用的 GEP 核算技术方法，还存在一定的局限性：

——空气和水质净化服务实物量的核算方法体现不出污染物减排对提升生态系统服务价值的作用。对于污染物排放量未超过环境空气（或地表水水域）功能区质量标准限值的，采用污染物排放量核算净化服务实物量，会导致污染物排放量少的区域净化服务实物量和价值量偏低，而排放量多的区域净化服务实物量和价值量反而偏高。

——部分服务类型的核算方法会导致核算结果受气象等因素影响，存在不确定性。如水源涵养服务采用区域水量平衡方程计算，取降水输入与暴雨径流和生态系统自身水分消耗量的差值，水源涵养服务实物量核算结果受当年区域降雨总量的影响偏大。一个区域可能两个相邻年度生态系统状况变化不大，但因降水量差异大而核算出的水源涵养服务实物量和价值量核算结果有很大差别。在做同一区域不同年份水源涵养服务价值核算，或者同一年度不同区域水源涵养服务价值核算时，应分析降水量差异造成的影响。

——部分服务类型的核算方法所需数据源需专项调查支撑。如采用旅行费用法估算生态系统文化服务价值量需要组织专项调查，通过问卷调查获得游客的社会经济特征、旅行消费情况等信息。在缺乏相关专项研究支撑的情况下，采用统计年鉴中当年区域内旅游收入的一部分来表征文化服务价值，未充分评估消费者剩余，可能导致低估文化服务价值。

为了克服 GEP 核算存在的局限性，需要深入开展 GEP 核算技术方法研究，定期组织开展专项调查并形成共享数据库，以使 GEP 能更准确地反映一个区域生态系统服务价值和生态保护的效益。

第 7 章 ↘

六安市 2015 年和 2018 年 GEP 对比分析

六安市积极探索“绿水青山就是金山银山”理念与实践创新路径，着力将六安市建设成为安徽省优质水源地、大别山转型发展示范区、全国绿色发展和生态文明建设先行区，生态保护与建设取得良好的生态效益。本章通过对比 2015 年与 2018 年六安市 GEP 核算结果，分析六安市生态系统物质产品、调节服务和文化服务价值变化，为积极探索生态产品价值实现的有效路径、构建巩固脱贫与乡村振兴绿色发展新模式提出建议。2015 年年底，寿县从六安市划出，划归淮南市所辖。为了研究结果的可比性，六安市 2015 年 GEP 核算范围不包括寿县。

7.1 生态系统各类服务价值对比

7.1.1 物质产品价值有所增长

2015 年，六安市生态系统物质产品总价值为 315.60 亿元，占当年 GEP 总价值的 15.66%；2018 年，物质产品总价值增加到 361.41 亿元，占当年 GEP 总价值的 16.47%，比 2015 年增长了 14.5%，年均增长 4.84%（表 7-1）。2015 年物质产品实物量和价值量核算依据《六安统计年鉴 2016》中相关数据[128]。

表 7-1 六安市各县区 2015 年和 2018 年生态系统物质产品价值

名称	面积 / km^2	2015 年产品价值 / 亿元	2015 年单位面积价值 /（万元 /km^2）	2018 年产品价值 / 亿元	2018 年单位面积价值 /（万元 /km^2）
金安区	1 668.6	49.47	296.5	53.53	320.8
裕安区	1 908.2	59.04	309.4	71.55	375.0
叶集区	565.4	11.06	195.6	18.66	330.0
霍邱县	3 240.5	88.98	274.6	99.86	308.2
舒城县	2 109.6	51.48	244.0	54.88	260.1
金寨县	3 924.6	32.38	82.5	34.55	88.0
霍山县	2 044.3	23.19	113.4	28.38	138.8
六安市	15 461.2	315.6	204.1	361.4	233.8

从表 7-1 可以看出，六安市物质产品总价值最高的是处于江淮丘陵农业区的霍邱县。霍邱县拥有较大县域面积，耕地较多、农牧渔产业发展条件较好，具有较强农牧渔产品生产和供给能力；物质产品总价值最小的是国土面积最小的叶集区，其主体功能定位是国家或省级重点开发区，是国家和省工业化和城镇化开发的重点地区。

表 7-1 也汇总了各县区 2015 年和 2018 年单位面积物质产品价值的情况。单位面积物质产品价值最高的 3 个区是裕安区、叶集区和金安区，均属于市辖区，交通、物流等配套基础设施较为完善，产业发展条件较好。单位面积物质产品价值最低的两个县是金寨县和霍山县，都是山区县，又是国家重点生态功能区县，生态保护红线面积占比高，生态系统物质产品以林产品为主且产出有限，相对经济回报较高的农牧渔产品产出偏低。

如图 7-1 所示，两个年度农业产品价值均占比最高，其次为畜牧业产品价值，林业和渔业产品价值占比较低。林业产品虽然价值较低，但是 2018 年比 2015 年增长了 26.93%，高于农业产品增速（15.39%）。

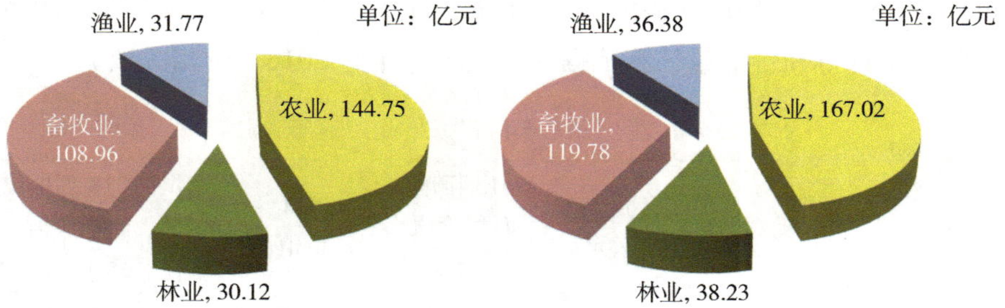

（a）2015年物质产品价值　　（b）2018年物质产品价值

图 7-1　2015 年和 2018 年六安市生态系统物质产品价值

生态系统的物质产品价值是能够直接在市场中得到价值实现的，因此，发展生态产业，提升农业、畜牧业、林业和渔业产出，培育有特色的经济作物，提高生态产品附加值，引导培育生态产品消费市场，拓宽生态产品消费渠道，是实现生态系统物质产品增值的有效手段。对于重点生态功能区来说，要避免地方为产业发展而占用生态空间，影响生态系统的调节服务和文化服务功能。要坚守生态保护红线，同时科学规划生态产业发展空间。

7.1.2 调节服务价值稳中有升

7.1.2.1 总体情况

2015 年，六安市生态系统调节功能总经济价值为 1 574.79 亿元，占 GEP 总价值的 78.13%。2018 年，六安市生态系统调节功能总经济价值为 1 654.68 亿元，占 GEP 总价值的 75.42%。从图 7-2 可以看出，水源涵养服务和洪水调蓄服务价值 2018 年较 2015 年增加较为明显，土壤保持、空气净化和固碳释氧服务价值基本稳定，气候调节、水质净化服务价值有所下降。

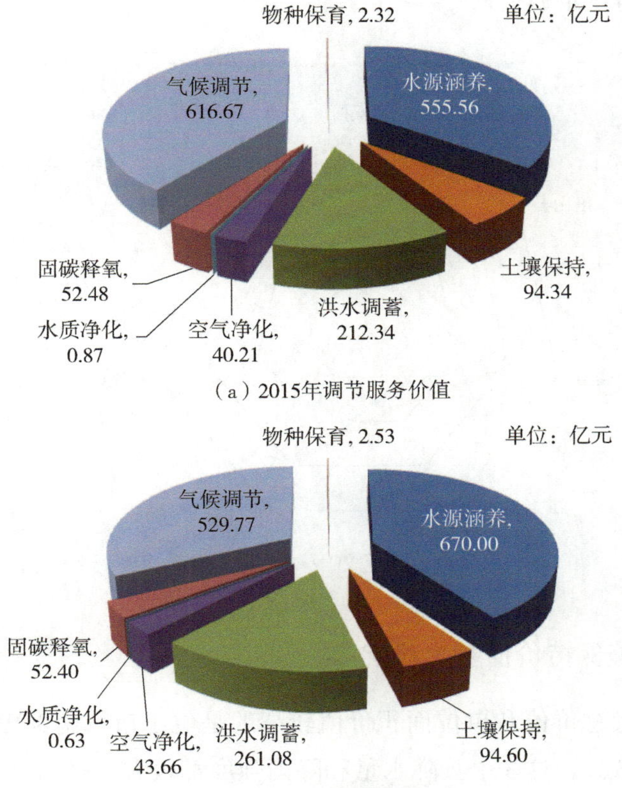

图 7-2 2015 年和 2018 年六安市调节服务价值

7.1.2.2　水源涵养价值显著提升

由于降水量的提升和实际蒸散发量的下降，2018 年六安市生态系统水源涵养的物质量相较于 2015 年提升明显，相应的水源涵养价值从 2015 年的 555.59 亿元提高到 2018 年的 670.01 亿元，提高了 20.6%。除霍邱县以外，各县区水源涵养价值均显著提升。全市水源涵养总价值较高的是金寨县和霍邱县，2018 年分别为 153.81 亿元和 146.73 亿元。

各县区两个年度水源涵养价值变化情况如图 7-3 所示。与 2015 年降水总量（950～1 730 mm）相比，2018 年降水总量大，且年内降水量变化幅度大（930～1 921 mm），最大降水量提高了约 11%，降水量增加对 2018 年水源涵养价值提高有一定的贡献[105, 129]。

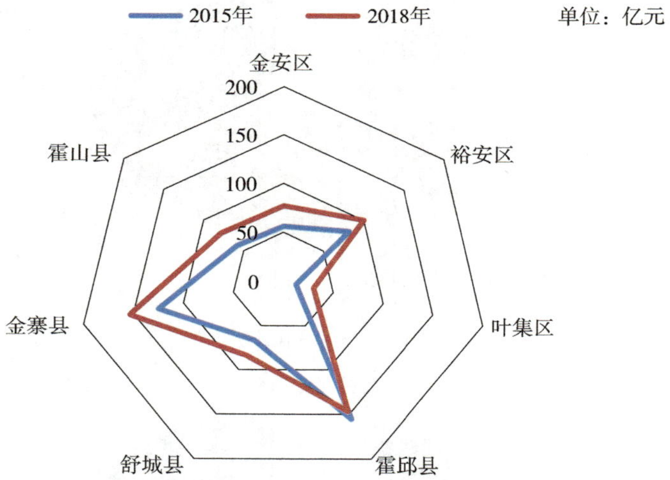

图 7-3　六安市各县区 2015 年和 2018 年水源涵养价值

7.1.2.3　土壤保持价值基本稳定

土壤保持总价值和单位面积价值较高的是位于市域南部山区的金寨县、霍山县和舒城县，这 3 个县降水量和降雨强度都较大，降雨侵蚀力较高，地形相对起伏较大，地形因子 LS 值较高。同时这 3 个县的森林生态系统分布较广，一是可以通过林冠层、枯枝落叶层对大气降水进行截留，减少进入林地的雨量和雨强，从而直接影响土壤侵蚀的主要动力和地表径流的形成及其数量；二是森林的存在，能够改良土壤，增加土壤有机质，森林中的植物根系有助于土壤形成团粒结构，能够促使土壤孔隙度和入渗率增加，使更多的地表径流转化成地下径流；三是森林植物根系固结土壤，也可以在一定程度上使土壤免受侵蚀。其余县区的土壤保持总价值均较为低下，约为 0.21 亿～2.66 亿元。这些区域植被覆盖度较低，土壤保持措施少，同时地形相对平缓，地形因子值较低，因此，相对于南部山区县，土壤保持价值很小。

虽然 2015 年降雨侵蚀力因子 *R* 值较 2018 年稍低，但其高值集中分布于山区，与地形因子的叠加效应明显，因此 2015 年全市的土壤保持物质量（特别是山区县）较 2018 年略高。2018 年使用的清淤工程单价系数较高导致 2018 年土壤保持价值与 2015 年基本持平。2015 年和 2018 年六安市及各县区单位面积土壤保持价值如图 7-4 所示。

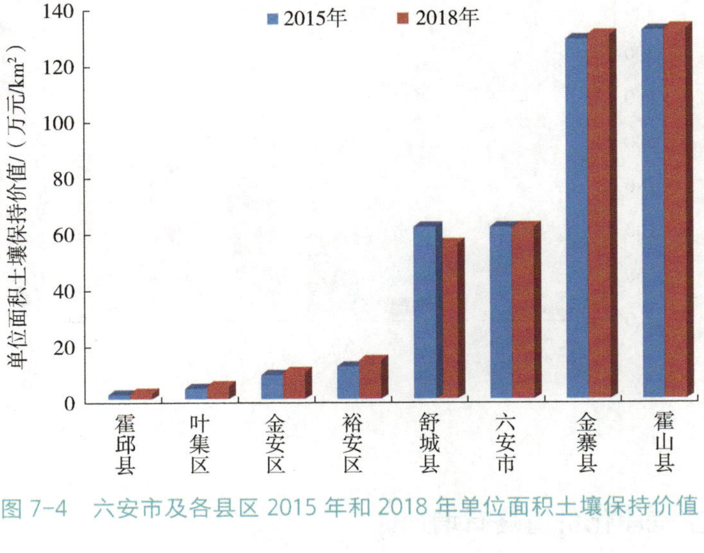

图 7-4 六安市及各县区 2015 年和 2018 年单位面积土壤保持价值

7.1.2.4 洪水调蓄价值提升明显

全市洪水调蓄总价值和单位面积价值较高的县区主要是霍邱县和山区三

县。霍邱县坐拥沿淮的城东湖和城西湖，湖泊面积和容量巨大，作为淮河行蓄洪区列入《全国蓄滞洪区建设与管理规划》和《安徽省淮河行蓄洪区安全建设规划（2018—2025 年）》。山区三县水库分布多、库容较大，年内蓄水量的变异幅度较宽。六安中部的市辖区主要因为地表径流不发达，水库和湖泊分布较少，因而洪水调蓄能力也相对较弱。

2015 年和 2018 年湖泊和沼泽的调蓄量差异不大。2018 年降水总量大，且年内降水量变化幅度大（930～1 921 mm）；2015 年降水总量小，且年内降水量变化幅度小（950～1 730 mm），由此带来 2018 年六安市内大中型水库年内最大、最小蓄量差值（2018 年为 15.98 亿 m^3）较 2015 年（11.97 亿 m^3）有较大增长。经核算 2018 年全市洪水调蓄价值较 2015 年提升明显。2015 年和 2018 年六安市及各县区单位面积洪水调蓄价值对比如图 7-5 所示。

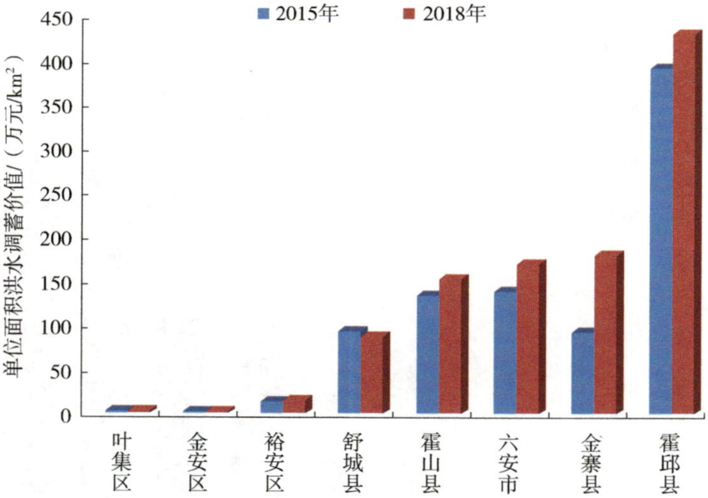

图 7-5　六安市及各县区 2015 年和 2018 年单位面积洪水调蓄价值

7.1.2.5　空气净化价值略有增加

全市空气净化总价值和单位面积价值较高的县区主要是山区三县，虽然三县 SO_2 和 NO_x 排放量相对不高，但林地分布面积广，森林生态系统吸滞

$PM_{2.5}$ 的净化量大，空气净化服务价值较高。3 个市辖区虽然 SO_2 和 NO_x 排放量较大，但林地分布面积小，对 $PM_{2.5}$ 净化量小，导致其空气净化服务价值较低。霍邱县森林覆盖率为全市最低，单位面积空气净化服务价值最低。

2018 年 SO_2 和 NO_x 排放量均大幅减少，由于 SO_2 和 NO_x 排放量基数不大且价值量化采用的大气污染物环境保护税税率较低，SO_2 和 NO_x 净化价值变化对空气净化总价值影响不大。两个年份林地分布面积基本持平，2018 年核算 $PM_{2.5}$ 可能造成的健康危害经济损失较高，$PM_{2.5}$ 净化价值较 2015 年有所提高。综合来看，2018 年空气净化价值稍高于 2015 年。2018 年与 2015 年相比，各县区单位面积空气净化价值也均有所增加（图 7–6）。

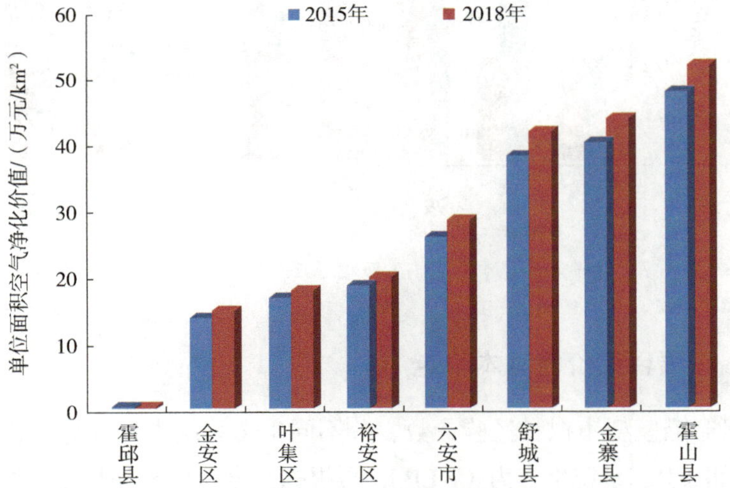

图 7–6　六安市及各县区 2015 年和 2018 年单位面积空气净化价值

7.1.2.6　水质净化服务价值下降明显

六安市地表水环境质量总体为优，各县区环境统计数据中的主要水污染物 COD_{Cr} 和氨氮排放量作为水质净化服务实物量。3 个市辖区内城镇居民区相对集中，工业企业较多，单位面积主要水污染物排放强度相对较大，单位面积水质净化服务价值高；山区县居民区分散，人口和工业区数量相对较少，水污染物排放强度小，单位面积水质净化价值低。2018 年除叶集区以外，六安市各县区水污染物排放量较 2015 年下降，造成 2018 年水质净化服务价值降低，如图 7-7 所示。

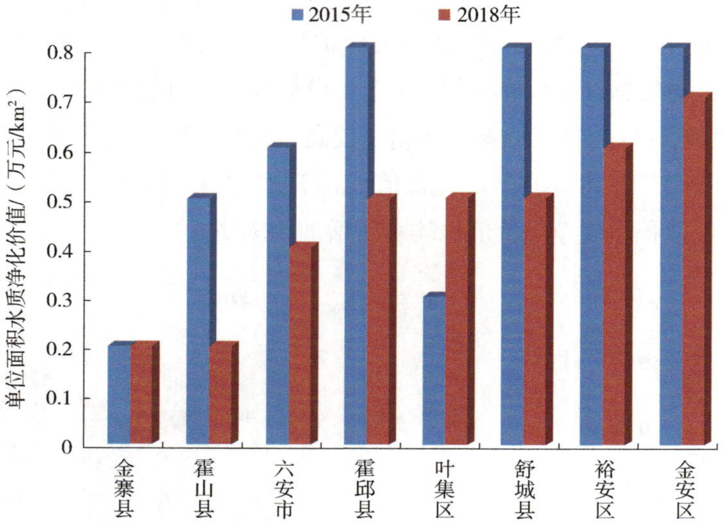

图 7-7 六安市及各县区 2015 年和 2018 年单位面积水质净化价值

7.1.2.7 固碳释氧价值基本稳定

根据遥感模型模拟和经验参数，分不同生态系统类型计算净初级生产力（NPP）和净生态系统生产力（NEP），再根据光合作用和呼吸作用的方程式计算各县区固碳释氧功能实物量和价值。单位面积的固碳释氧价值全市各县区之间差异较小，呈现出自南向北逐渐递减的趋势。山区三县森林生态系统生长条件好，分布广泛，具有较高的 NPP 和 NEP，因而具有较强的固碳释氧能力，产生较高的固碳释氧服务价值；霍邱县和 3 个市辖区则正好相反，NEP 较低，固碳释氧服务价值较低（图 7-8）。

经过 GLO-PEM 模型模拟的 2018 年全市 NPP 和 NEP 均较 2015 年小。基于光合作用化学方程式，乘以相应系数后，计算得到的 2018 年固碳和释氧的实物量均较 2015 年稍低。2018 年使用的氧气市场单价较高，综合 2018 年固碳释氧价值基本与 2015 年持平。

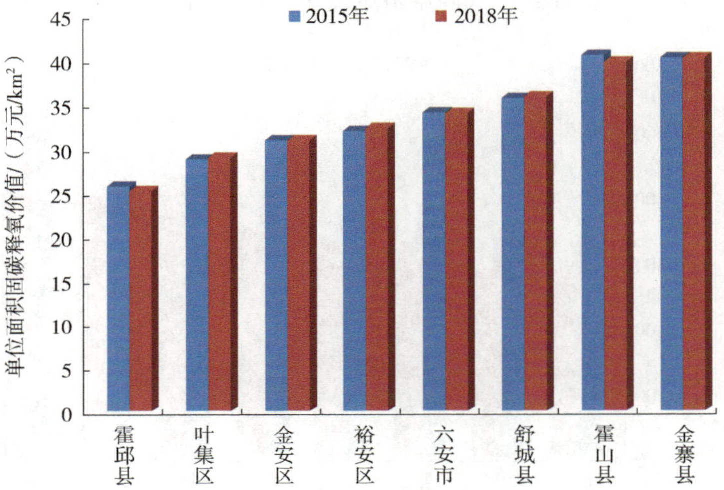

图 7-8 六安市及各县区 2015 年和 2018 年单位面积固碳释氧价值

7.1.2.8 气候调节服务价值有所降低

单位面积的气候调节价值全市各县区之间差异较小，且呈现自南向北逐渐递减的趋势。舒城、霍山、金寨等山区县单位面积气候调节价值较高，原因是实际蒸散发量会随着植被盖度的增加而逐渐升高，森林生态系统为主导，植被覆盖度高；森林的根系相对较发达，可以从土壤中汲取更多的水分用于植被蒸腾。另外，盖度相对较高的森林叶面积指数（LAI）相对较大，因此，也可以获得更多的冠层净辐射量用于植被蒸腾，实际蒸散发量高，因此降温增湿服务能力较强，气候调节服务价值较高。北部的霍邱县、叶集区地表覆被以农田和城镇为主，实际蒸散发量较低，降温增湿服务相对较弱，气候调节服务价值量较低。

根据实际蒸散发模型模拟，2018 年实际蒸散发量较 2015 年小，由此按相应系数计算得到 2018 年降温、增湿效益的实物量（千瓦时）均较 2015 年小。价值化过程中，由于 2018 年与 2015 年使用的单价均为省居民生活用电第一档电价［均为 0.565 3 元/（kW·h）］，故 2018 年气候调节服务价值较 2015 年有所下降。两个年份各县区气候调节服务单位面积价值如图 7-9 所示。

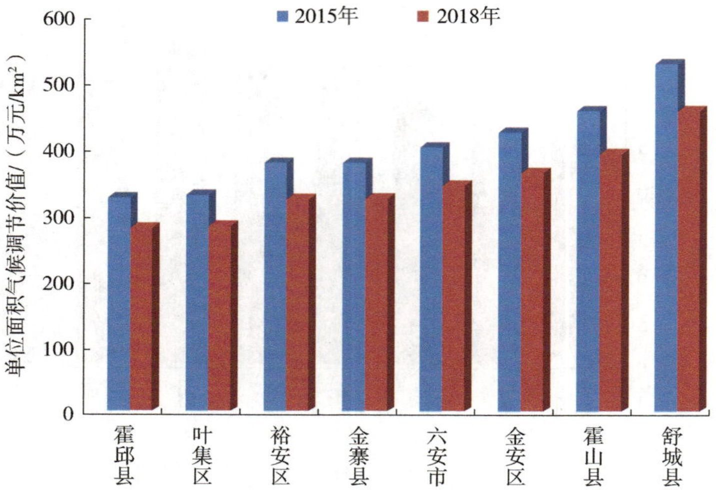

图 7-9　六安市及各县区 2015 年和 2018 年单位面积气候调节价值

7.1.2.9　物种保育价值提高

全市各县区的四类自然保护地（主要包括自然保护区、森林公园、湿地公园、水产种质资源保护区）投影面积差异较大，山区的金寨县、霍山县因境内拥有天马国家级自然保护区、佛子岭省级自然保护区、南岳山省级森林公园等面积较大的自然保护地，物种保育功能较强，价值较高；霍邱县属北部沿淮丘陵区，境内的城东湖和城西湖省级自然保护区面积大，因而其物种保育服务价值也较高；叶集区无自然保护地，未核算其物种保育服务价值。

根据六安市各级各类自然保护地名录，2018 年较 2015 年并未新增、调整或撤销自然保护地，故两个年份物种保育服务的实物量持平。2018 年使用的自然保护地单位面积的保育成本单价较高，综合 2018 年物种保育价值比 2015 年稍高。各县区物种保育服务的单位面积价值如图 7-10 所示。

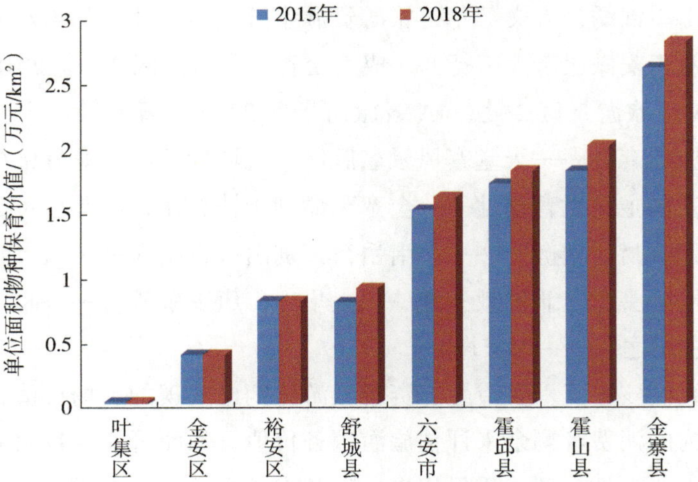

图 7-10　六安市及各县区 2015 年和 2018 年单位面积物种保育价值

7.1.3　文化服务增值潜力巨大

2018 年六安市生态系统文化服务价值为 177.92 亿元，比 2015 年增长 42.23%，年均增长约 14%。各县（区）文化服务价值变化情况如图 7-11 所示。

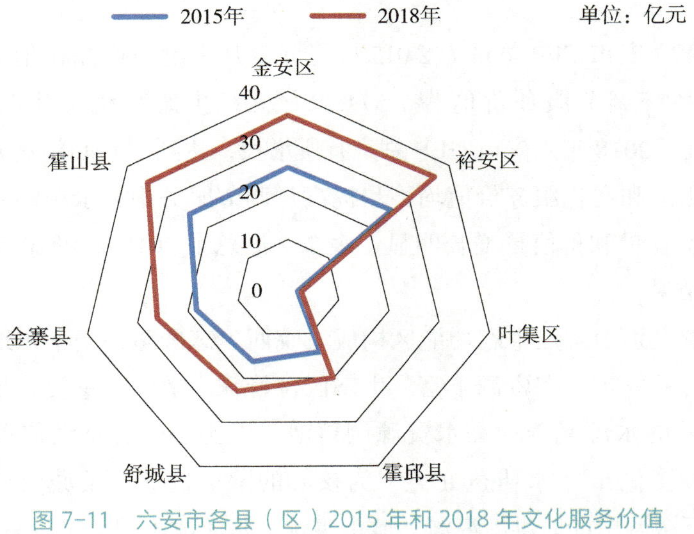

图 7-11　六安市各县（区）2015 年和 2018 年文化服务价值

皖西山川锦绣，人文荟萃，旅游资源十分丰富，并以其山水兼得、名胜众多而跻身于安徽旅游大市行列，成为全省六大旅游区之一。2018 年年末全市共有 5A 级旅游景区 2 处、4A 级旅游景区 24 处。著名景点主要包括华东最后一片原始森林——天堂寨风景名胜区，省城后花园——万佛湖风景名胜区，全国爱国主义教育基地——金寨革命烈士博物馆，江北小黄山——铜锣寨，汉武帝敕封“副衡”——小南岳，大别山玉带明珠——六大水库，人间仙境——横排头，江北佛教圣地——大华山，唐王敬佛堂——昭庆寺和全国四大地主庄园之一——李家圩等。

本研究仅核算了六安市生态资源旅游休闲已实现的市场价值，未基于旅游消费行为的消费者剩余来评估旅游服务价值，从而可能导致服务价值被低估。随着六安市生态环境质量优良、特色农林产品品种多样、红色文化资源丰富以及自然景观秀美等独特优势和潜力不断得到发掘和彰显，配套交通、旅游服务等基础设施进一步完善，未来六安市文化服务价值具有大幅提升的潜力。

7.2 2015 年和 2018 年 GEP 总量对比

2015 年六安市 GEP 总量为 2 015.48 亿元，其中物质产品价值为 315.60 亿元，生态系统调节服务价值为 1 574.79 亿元，生态系统文化服务价值为 125.09 亿元。2018 年六安市 GEP 总量有所增长，达到 2 194.01 亿元，物质产品、调节服务和文化服务价值均稳步提高。调节服务中，水源涵养、洪水调蓄等服务实物量和价值量增长明显。表 7-2 汇总了 2015 年和 2018 年六安市 GEP 核算结果。

安徽省大别山重点生态功能区构成了皖西生态屏障，是华东地区重要的生态屏障。六安市生态资源丰富，生态区位特殊、敏感而重要，是淮河和巢湖水系重要的水源涵养地和水资源调蓄池，以佛子岭、响洪甸等六大水库（总库容 70 多亿 m^3，水质达Ⅱ类）为核心的淠史杭灌区及城西湖、城东湖等，对中下游两岸的防洪、灌溉、城市供水、水质改善起着极为重要的作用。

境内森林、湿地等生态系统分布较广，在水源涵养、气候调节、洪水调蓄、土壤保持等方面发挥了重要生态系统服务作用。

表 7-2 2015 年和 2018 年六安市生态系统各服务价值

服务类别		2015 年服务价值 / 亿元	占比 /%	2018 年服务价值 / 亿元	占比 /%
物质产品		315.60	15.66	361.41	16.47
调节服务	水源涵养	555.56	27.56	670.00	30.54
	土壤保持	94.34	4.68	94.60	4.31
	洪水调蓄	212.34	10.54	261.08	11.90
	空气净化	40.21	2.00	43.66	1.99
	水质净化	0.87	0.04	0.63	0.03
	固碳释氧	52.48	2.60	52.40	2.39
	气候调节	616.67	30.60	529.77	24.15
	物种保育	2.32	0.12	2.53	0.12
文化服务		125.09	6.21	177.92	8.11
总 计		2 015.48	100.00	2 194.01	100.00

从六安市 GEP 总量上看，2018 年 GEP 相较于 2015 年增加了 8.86%，年均增长率达到 2.95%，一定程度上体现了六安市近年来生态保护与建设的进展和成效。六安市在逐步取得生态保护成效的同时，脱贫成效十分喜人。六安市加快发展特色农业，培育形成了优质蔬菜、茶叶、畜禽、中药材等 8 个特色产业集群，规划建设的六安茶谷、江淮果岭、西山药库、皖西畜禽和淠淮生态适应性种养等五大特色产业扶贫板块，成为脱贫致富的坚实基础。霍山县、金寨县被评为国家级全域旅游示范区，2020 年全市累计接待游客约 2.3 亿人次，实现旅游综合收入约 1 800 亿元。2020 年年底，全市实现 70.96 万贫困人口全部脱贫、442 个贫困村全部“出列”、所有贫困县高质量“摘帽”的目标[130]。由此可见，利用生态资源禀赋大力发展生态产业为当地实现脱贫攻坚目标发挥了重要的作用。

生态系统服务功能改善与价值提升需要长期持续的投入，很难产生短期回报。从长远来看，随着发展生态产业、鼓励绿色消费、生态服务有偿使用、生态补偿、自然资源产权交易、绿色投融资等机制建立完善，生态系统服务价值逐步在市场中得到体现，生态保护投入能够带来可观的经济效益，切实让生态保护成为巩固脱贫成果、实施乡村振兴战略的有机组成部分。

7.3 安徽省大别山重点生态功能区生态产品价值实现建议

7.3.1 完善 GEP 核算，加强生态产品价值宣传

党的十九大报告提出，我们要建设的现代化是人与自然和谐共生的现代化，既要创造更多物质财富和精神财富以满足人民日益增长的美好生活需要，也要提供更多优质生态产品以满足人民日益增长的优美生态环境需要。

生态产品包括生态系统提供的物质产品、调节服务和文化服务。在经济活动中可以体现生态系统为人类提供的粮食、原材料、生物资源、水资源等物质产品和休闲旅游等部分文化服务的直接使用价值（农、林、牧、渔等产品生产销售、生态旅游收入等），但是生态系统提供的水质与空气净化、土壤保持、水源涵养、生物多样性维护、固碳释氧、维持养分循环、景观美学价值等调节服务与文化服务的间接使用价值和非使用价值难以在经济活动中得到体现，因此容易被忽视。扩大优质生态产品供给不仅意味着要发展生态产业和旅游业，从生态系统获取更多的物质产品和旅游休闲服务，还意味着要让生态系统为经济社会可持续发展提供稳定的调节服务。

生态产品具有不同的属性，生态产品的价值实现途径与其属性紧密相关。生态系统提供的物质产品不属于公共物品，可以直接通过市场交易，其实现途径是扩大生产与消费。生态旅游资源具有准公共物品属性，其实现途径需要政府合理规划开发生态旅游资源、加大交通等配套基础设施建设、发展旅游服务产业、推动生态旅游消费。生态系统的各类调节服务难以在传统市场中交易，不具备消费的排他性和竞争性，是典型的公共物品，需要通过明晰

自然资源产权、建立健全市场机制来为生态保护与修复筹集资金，推动生态系统调节服务价值的稳步提升。

以六安市为试点开展的 GEP 核算研究表明，2018 年六安市 GEP 总量为 2 194.01 亿元，生态系统调节服务价值为 1 654.68 亿元，占 75.42%。生态系统调节服务价值中水源涵养价值最高，其次为气候调节服务、洪水调蓄，此外还包括土壤保持、固碳释氧、空气净化等服务价值。2018 年六安市 GDP 总量为 1 288.05 亿元，占 GEP 的 58.71%，生态系统调节服务价值无法在传统国民经济核算中体现，这部分生态产品价值实现难度也最大。

通过完善 GEP 核算，建立规范化的 GEP 核算制度，量化区域生态产品价值，加强生态产品价值的宣传，可以让政府部门、社会各界了解生态系统服务价值的构成及其属性，引导社会扩大对生态系统物质产品和文化服务的生产与消费，关注生态系统调节服务的重要性，统筹山水林田湖草系统治理，着力提升生态系统调节服务。

7.3.2 发展生态产业，扩大物质产品和文化服务供给与消费

2021 年 4 月，中共中央办公厅、国务院办公厅印发了《关于建立健全生态产品价值实现机制的意见》，把推动生态产品价值实现作为培育经济高质量发展新动力、塑造城乡区域协调发展新格局、引领保护修复生态环境新风尚、打造人与自然和谐共生新方案的战略举措，推动形成保护生态环境的利益导向机制，增强生态优势转化为经济优势的能力[131]。

生态系统提供的物质产品可以通过市场流通消费，旅游服务在一定程度上是准公共物品，部分价值也可以通过市场实现。以六安市为例，2018 年六安市生态系统物质产品（包括农、林、牧、渔等产品）价值为 361.41 亿元，占全市 GEP 的 16.47%；生态系统文化服务价值 177.92 亿元，占 8.11%，这部分价值核算基础数据来自当地统计年鉴，是已经实现的市场价值。六安市积极培育了一批现代农业产业园、特色农产品优势区、农业产业强镇和“一村一品”示范村镇，新型经营主体力量不断发展壮大。绿色产品认证数居全省首位，六安瓜片、霍山石斛、霍邱柳进入欧盟出口地理标志产品第一批推

荐清单，六安瓜片、霍山黄芽、霍山石斛、舒城小兰花跻身2019中国地理标志产品区域品牌价值百强榜，初步形成了以茶叶、石斛、羽绒为主的农产品网销体系[132]。

安徽省大别山区各级政府应深入推进实施《大别山革命老区振兴发展规划》，将大力发展生态产业作为实现革命老区振兴发展的重要举措。要引导社会各界扩大对生态系统物质产品和文化服务的生产与消费，支持当地具有绿色产品认证及各类生态标签的优质农林牧渔产品生产与销售，提升产品和文化服务品牌影响力，增强品牌效应，提高市场竞争力。充分利用快速发展的5G网络技术，培育新的绿色产业形态和技术体系，完善交通、物流等基础设施，支持电商平台、邮政、物流企业等在脱贫地区设置服务站点，建立农产品冷链物流配送中心，举办生态产品博览会等，扩宽绿色产品的销售渠道。在工业园区鼓励传统工业向生态工业转变，完善环境保护基础设施建设，推进循环化改造，促进形成绿色生产方式。大力发展生态旅游产业，充分挖掘开发皖西大别山革命老区的自然景观资源和红色文化资源，提升文化服务价值。

为推动脱贫地区实施乡村振兴，安徽省大别山区各级政府应积极支持认定省级以上龙头企业、省级现代农业产业园、省级示范合作社和家庭农场、省级森林康养基地和森林康养人家等，提供生态信誉保障，为生态信誉良好的企业和生产经营者提供绿色服务通道、实施绿色奖补、绿色金融服务等政策，支持脱贫地区生态产业发展。因地制宜地成立重点生态功能区乡村振兴绿色发展基金，通过“绿水青山”向“金山银山”转化为脱贫地区乡村振兴注入活力。

7.3.3 建立健全市场机制，推动调节服务价值稳步增值

生态系统调节服务具有公共物品属性，其价值难以通过市场交易实现，要建立健全自然资源产权交易、碳汇交易、生态金融产品、综合生态效益补偿等市场机制，让重点生态功能区生态系统调节服务价值成为当地筹集生态保护建设资金的资信基础。

政府主导的生态补偿是激励以生态保护为首要任务的地区实现绿色发展的重要机制。2014 年 10 月，安徽省出台了《安徽省大别山区水环境生态补偿办法》（财建〔2014〕1713 号），通过财政转移支付激励六安市大别山地区保护水环境质量、实现绿色发展。安徽省大别山水环境生态补偿以水质监测结果为依据，补偿资金额度为每年 2 亿元，其中省财政出资 1.2 亿元，六安、合肥两市分别出资 4 000 万元。合肥、六安两市还签订了《跨界水体水污染联防联控合作协议》。截至 2019 年 6 月，累计安排生态补偿资金 11.68 亿元，六安市水环境保护项目总投资达到 16.2 亿元。根据《六安市大别山区水环境生态保护与发展规划》核算，为保护区域水环境，到 2030 年需要投入的资金达 457 亿元（其中近期 2021 年为 138 亿元，远期 2030 年为 319 亿元）。

2018 年六安市生态系统调节服务价值为 1 654.68 亿元，其中与水环境保护相关的水源涵养服务价值为 670 亿元、土壤保持服务价值为 94.6 亿元，水源涵养服务价值比 2015 年提高了 20.6%，土壤保持服务价值保持稳定。六安市基于水质考核的水环境生态补偿应向生态效益综合补偿转变，将 GEP 核算结果作为实施生态效益综合补偿的基础，可根据年度生态系统调节服务价值增量按一定比例确定补偿标准。

六安市可依托 GEP 核算为创新生态金融产品、自然资源产权交易、碳汇交易、开展综合生态效益补偿等提供重要的参考。通过明晰自然资源产权归属、核算生态资产及生态系统服务价值，为自然资源产权交易奠定基础，也为绿色抵押、绿色信贷、绿色债券等金融服务提供生态信用保障。

7.3.4 建立监测评估体系，评估生态产品供给与价值实现能力

要建立健全生态产品价值实现的市场机制，需要建立监测评估体系，对生态信用、生态产品供给能力和价值实现能力进行科学评估，为交易市场提供技术保障。应探索建立生态信用监测评估指标体系，建立生态产品供给量、生产产品供给保障能力、生态产品市场价值实现、创建市场价值实现能力等调查监测评估方法，开展生态产品供给能力监测评估。

生态产品供给能力监测评估指标体系包括生态物质产品、调节服务、文

化服务供给量、生态产品供给保障能力（如生态保护投入、文化旅游投入等）；生态产品价值实现能力监测包括现有市场价值实现能力与创建市场价值实现能力，具体指标包括物质产品、调节服务、文化服务市场价值实现量、创建市场能力（创建市场类型、规模、政策保障）、创建市场价值实现量等。

7.3.5 强化法治保障，为优质生态产品供给营造法治环境

扩大优质生态产品供给离不开生态系统完整性和稳定性的提升，中共中央、国务院在国土空间规划、自然保护地体系建设、生态环境监管体制、生态环境损害赔偿制度等方面的相关改革为立法或法规修订指出了探索的方向，通过体制、机制和模式创新更好地推动生态系统保护。通过立法或法规修订使社会各方主体实现责任分工科学明晰、权力与责任相互匹配、利益关系合理，不留相互推诿责任的余地，进而建立起正向的责任激励机制，更好地发挥各方主体的作用，同时为依法问责、尽职免责提供法律依据。

建议紧密衔接上位法制修订进程，研究制定《安徽省国土空间规划条例》《安徽省自然保护区条例》《安徽省生态保护补偿条例》等地方性法规，统筹协调各级政府、自然资源、林业和草原、生态环境、水利、农业农村、发展和改革、财政等部门在生态保护方面的责任、权力、利益，科学划定和管好生态保护红线，促进国土空间保护与发展相协调，加大生态修复和生态建设投入，建立促进生态效益转化为经济效益和社会效益的体制机制，优化生态文明建设主体责权利配置，完善统筹协调机制，落实生态环境损害赔偿制度，为生态空间管控、生态系统保护和提供优质生态产品营造良好法治环境。

第 8 章 ↘

总结与展望

8.1 总结

8.1.1 安徽省绿色 GDP 核算和环境质量改善效益分析

根据安徽省绿色 GDP 试点核算，2014 年，安徽省环境污染虚拟治理成本为 165.2 亿元。其中，水污染、大气污染、固体废物污染虚拟治理成本分别为 73.2 亿元、85.5 亿元和 6.5 亿元，分别占总虚拟治理成本的 44.3%、51.8% 和 3.9%。2014 年安徽省环境污染虚拟治理成本占 GDP 的比例为 0.78%。从行业来看，电力、化纤、非金属矿制品业、有色采选、造纸、化工、皮革和黑色冶金的污染扣减指数较大，需要加大污染治理投入。地区核算结果显示，马鞍山市、合肥市、淮南市、铜陵市和芜湖市位列污染实际治理成本前五位，亳州市、六安市和阜阳市的实际污染治理投入严重不足。

2014 年，安徽省环境退化成本为 469.95 亿元，占安徽省 GDP 的 2.25%。其中，大气污染、水污染和固体废物污染造成的经济损失分别占 49.23%、45.55% 和 5.22%。大气污染经济损失中，城市居民健康损失为 185.72 亿元，占比 80.3%。水污染经济损失中占比最高的是对农业生产造成的损失，为 105.18 亿元，占比 49.1%。

“十三五”期间安徽省蓝天保卫战大气环境质量取得了明显改善，2015—2020 年 $PM_{2.5}$ 浓度下降了 29%。以 $PM_{2.5}$ 为影响因子，“十三五”期间大气环境质量改善带来健康改善的经济效益相当显著，可达 313.41 亿元（95% 置信区间：168.13 亿～433.89 亿元）。

与 2014 年水环境状况相比，2019 年安徽省地表水环境质量总体改善，农村自来水普及率有所提高，农村饮水安全得到更好保障，水源地水质达标的情况也有所好转。因饮水安全改善减少介水性传染病发病和 3 种消化道恶性肿瘤的死亡人数减少带来的健康效益约为 6.65 亿元，因水源地水质改善节约额外处理成本约 48.06 亿元，两项共计带来约 54.71 亿元的经济效益。

“十三五”期间安徽省聚焦打好污染防治攻坚战，加大生态环境保护投入，减少污染物排放，强化协同治理和系统治理，生态环境质量明显改善，带来了非常可观的民生改善效益。

8.1.2 安徽省大别山重点生态功能区（六安市）GEP 核算

安徽省大别山区是华东地区重要的生态屏障。六安市位于安徽省西部、大别山北麓、江淮之间，生态资源丰富，生态区位特殊、敏感而重要。以佛子岭、响洪甸等六大水库（总库容为 70 多亿 m^3，水质达Ⅱ类）为核心的淠史杭灌区及城西湖、城东湖等，对中下游两岸的防洪、灌溉、城市供水、水质改善起着极为重要的作用，是淮河和巢湖水系重要的水源涵养地和水资源调蓄池。境内森林、湿地等生态系统分布较广，在涵养水源、气候调节、洪水调蓄、土壤保持等方面发挥了重要的生态系统服务作用。

从六安市 GEP 总量上看，2018 年 GEP 为 2 194.01 亿元，相较于 2015 年增加了 8.86%，年均增长率达 2.95%，一定程度上体现了六安市近年来生态保护与建设的进展和成效。六安市在逐步取得生态保护成效的同时，脱贫成效十分喜人，利用生态资源禀赋大力发展生态产业为当地实现脱贫攻坚目标发挥了重要的作用。

生态系统服务功能改善与价值提升需要长期持续的投入，随着生态产业的不断发展，鼓励绿色消费，建立健全生态服务有偿使用、综合生态效益补偿、自然资源产权交易、碳汇交易、绿色投融资等市场机制，生态系统服务价值逐步在市场中得到体现，生态保护投入带来了显著的经济效益，切实让生态保护成为巩固脱贫成果、实施乡村振兴战略的有机组成部分。

8.2 展望

党的十八大以来，中央推出改进地方党政领导班子和领导干部政绩考核的举措，完善干部政绩考核评价指标，不再单纯地把地区生产总值及增长率作为政绩评价的主要指标，不强调地区生产总值及增长率排名，对限制开发区域和生态脆弱的国家扶贫开发工作重点县取消地区生产总值考核。

绿色 GDP 和 GEP 核算是从两个角度来衡量生态环境保护与经济发展的

关系，是完善绿色发展和生态文明建设考核评价的有效手段。基于环境成本调整的绿色 GDP 侧重于分析经济活动中污染物排放造成的社会治理成本和环境退化造成的人体健康、生产和生活经济损失，以警示政府部门和社会各界需充分考虑环境污染风险带来的社会损失，更好地担负起环境治理责任。GEP 侧重于评估生态系统对于经济发展提供的重要服务和贡献，掌握生态资产和生态系统服务变化趋势，为保护和修复生态系统服务的成效分析提供参考依据。

我国绿色 GDP 核算与 GEP 核算经过不断的研究和试点，已经形成了试行的技术方法，指导地方开展实践探索。绿色 GDP 核算和 GEP 核算是专业性、技术性很强的统计工作，多部门的数据获取、多学科的分析手段、多领域的应用目的意味着单一部门组织开展核算存在一定困难，若缺乏自然资源部门的参与，则绿色 GDP 核算缺乏资源消耗数据，核算内容的完整性和有效性就会大打折扣，GEP 核算难以与自然资源负债表做到数据共享，无法发挥不同统计和评价工具的协同效应。如果缺乏统计部门在国民经济核算体系下对绿色 GDP 和 GEP 核算统计体系和数据质量加以规范，缺乏统一的长时序数据监测和统计，缺乏统一的成果发布机制，会影响绿色国民经济核算的持续性和规范性。各地在组织开展核算的过程中，需要加强绿色 GDP 核算和 GEP 核算技术方法研究和实践经验交流，结合实际问题对核算技术方法加以改进和完善，探索形成地方核算平台，推动绿色 GDP 核算和 GEP 核算的制度化，推广核算成果应用。

建议我国建立健全绿色 GDP 核算和 GEP 核算制度，明确生态环境部门、自然资源部门和统计部门职责分工，建立数据共享核算平台，共同建立标准的环境保护、自然资源和生态系统服务统计账户体系，制定统一的核算制度和核算方法，建立数据质量审核体系和成果发布机制。通过定期开展绿色 GDP 和 GEP 核算，生动体现和传递“绿水青山就是金山银山”的理念，宣传尊重自然、顺应自然、保护生态环境对经济社会可持续发展的重要意义，为完善生态文明建设政绩考核提供有价值的参考，推动地方领导干部深入贯彻落实习近平生态文明思想，促进生态环境持续改善，生产生活方式绿色转型取得显著成效。

参考文献

[1] World Health Organization. WHO Social Media Toolkit for Air Pollution and Child Health：Prescribing Clean Air Launch [R]. Geneva：World Health Organization，2018. available online at：www.who.int/ceh/publications/Social_Media_Toolkit_AirPollution_Chidren_Health_Report_Launch.pdf?ua=1.

[2] 丁言强，编译. 环境经济综合核算2003 [M]. 北京：中国经济出版社，2004.

[3] Dietz S，Neumayer E. Weak and strong sustainability in the SEEA：Concepts and measurement [J]，Ecological Economics，2007（61）：617-626.

[4] Millennium Ecosystem Assessment. Ecosystems and Human Well-being：Synthesis [R]. Washington，D.C.：Island Press，2005.

[5] 生态环境部环境规划院和中国科学院生态环境研究中心. 陆地生态系统生产总值（GEP）核算技术指南 [R]. 北京，2020.

[6] 张坤民. 关于中国可持续发展的政策与行动 [M]. 北京：中国环境科学出版社，2003.

[7] 世界自然保护同盟，联合国环境规划署，世界野生生物基金会. 保护地球——可持续生存战略 [M]. 北京：中国环境科学出版社，1992.

[8] World Resources Institute. World Resources 1992—1993. A Guide to the Global Environment：Toward Sustainable Development [M]. Oxford University Press：New York，1992.

[9] 皮尔斯，沃福德，著. 世界无末日：经济学、环境与可持续发展 [M]. 张世秋，等译. 北京：中国财政经济出版社，1996.

[10] 张坤民. 可持续发展从概念到行动 [J]. 世界环境，1996（1）：3-6，32.

[11] 华廷，赵文武. 加速推进可持续发展目标，开启未来十年的行动和成就——联合国可持续发展目标峰会介评 [J]. 生态学报，2019，39（20）：

7788-7791.

[12] El Serafy S. The Proper Calculation of Income from Depletable Natural Resources [C] //Ahmady, El Serafy S, Lutz E, eds. Environmental Accounting for Sustainable Development. Washington, DC: World Bank, 1989.

[13] Repetto R, et al. Wasting Assets: Natural Resources in the National Income Accounts [R]. World Resources Institute, 1989.

[14] Hamilton K. Green adjustment to GDP [J]. Resource Policy, 1994, 20: 165-168.

[15] Bolt K, Matete M, Clemens M. Manual for Calculating Adjusted Net Savings [R]. Washington, DC: World Bank, 2002.

[16] Cárdenas Rodríguez M, Haščič I, Souchier M. Environmentally Adjusted Multifactor Productivity: Methodology and Empirical Results for OECD and G20 Countries [R]. OECD Green Growth Papers, No. 2018/02, Paris: OECD Publishing, 2018.

[17] 联合国，欧洲联盟，联合国粮食及农业组织，国际货币基金组织，经济合作与发展组织，世界银行．环境经济核算体系 2012 中心框架 [R]．纽约，巴黎，华盛顿，2014. https://seea.un.org/sites/seea.un.org/files/seea_cf_final_ch.pdf.

[18] United Nations, European Union, Food and Agriculture Organization of the UN, Organization for Economic Co-operation and Development and World Bank Group. System of Environmental-Economic Accouting 2012: Experimental Ecosystem Accounting [R]. New York, 2014.

[19] Hein L, et al. Progress in natural capital accounting for ecosystems [J]. Science, 2020, 367 (6477): 514-515.

[20] Study of Critical Environmental Problems (SCEP). Man's Impact on the Global Environment: Assessment and Recommendation for Action [M]. Cambridge, Massachusetts: The MIT Press. 1970.

[21] Daily G, eds. Natures Services: Societal Dependence on Natural Ecosystems [M]. Washington D.C.: Island Press, 1997.

[22] Costanza R, et al. The Value of the World's Ecosystem Services and Natural

Capital［J］. Nature，1997，387：253-260.
［23］欧阳志云，王效科，苗鸿 . 中国陆地生态系统服务功能及其生态经济价值的初步研究［J］. 生态学报，1999，19（5）：607-613.
［24］李文华，欧阳志云，赵景柱 . 生态系统服务功能研究［M］. 北京：气象出版社，2002.
［25］赵同谦，欧阳志云，王效科，等 . 中国陆地地表水生态系统服务功能及其生态经济价值评价［J］. 自然资源学报，2003，18（4）：443-452.
［26］欧阳志云，朱春全，杨广斌，等 . 生态系统生产总值核算：概念、核算方法与案例研究［J］. 生态学报，2013，33（21）：6747-6761.
［27］马国霞，於方，王金南，等 . 中国 2015 年陆地生态系统生产总值核算研究［J］. 中国环境科学，2017，37（4）：1474-1482.
［28］United Nations Statistics Division. SEEA Implementation Guide，Ninth Meeting of the UN Committee of Experts on Environmental-Economic Accounting［R］. New York，25-27 June 2014. http：//unstats.un.org/unsd/envaccounting/ceea/meetings/ninth_meeting/UNCEEA-9-6d.pdf.
［29］何静 . 环境经济核算的最新国际规范 SEEA2012 中心框架简介［J］. 中国统计，2014（6）：24-25.
［30］WHO. 7 million premature deaths annually linked to air pollution［N］. Media Centre News release，Geneva：World Health Organization，2014. available online at：//www.who.int/mediacentre/news/releases/2014/air-pollution/en/.
［31］WHO Regional Office for Europe，2013a. Health Effects of Particulate Matter：Policy Implications for Countries in Eastern Europe，Caucasus and Central Asia［R］. Copenhagen：WHO Regional Office for Europe. 2013.
［32］WHO Regional Office for Europe. Health Risks of Ozone from Long-range Transboundary Air Pollution［R］. Copenhagen：WHO Regional Office for Europe, 2008.
［33］WHO Regional Office for Europe，2013b. Health risks of air pollution in Europe-HRAPIE project. Recommendations for concentration–response functions for cost–benefit analysis of particulate matter，ozone and nitrogen oxide［R］. Copenhagen：WHO Regional Office for Europe，2013.

[34] Roy R，Braathen N A. The Rising Cost of Ambient Air Pollution Thus Far in the 21st Century：Results from the BRIICS and the OECD Countries [R]. Paris：OECD，2017.

[35] 蒋洪强，马国霞，吴文俊，等 . 长江经济带环境经济核算研究 [J]. 环境科学研究，2020，33（5）：1300-1307.

[36] 陈晋阳 . 我国大气污染致居民健康经济损失研究进展 [J]. 南京医科大学学报（社会科学版），2018，87（4）：282-286.

[37] 秦耀辰，谢志祥，李阳 . 大气污染对居民健康影响研究进展 [J]. 环境科学，2019，40（3）：1512-1519.

[38] IPCC. 气候变化 2014：综合报告 [R]. 政府间气候变化专门委员会第五次评估报告第一工作组、第二工作组和第三工作组报告 [核心撰写小组、R.K. Pachauri 和 L.A. Meyer（eds.）]. 日内瓦：IPCC，2014.

[39] IPCC. Climate Change 1995：Economic and Social Dimensions of Climate Change [R]. Contribution of Work Group Ⅲ to the Second Assessment Report of IPCC [Bruce，J.P.，Lee H. and Haite E.F.（eds.）]. Cambridge：Cambridge University Press，1996.

[40] Fankhauser S. The economic costs of global warming damage：A survey [J]. Global Environmental Change，1994，4（4）：301-309.

[41] Pretty J N，et al. Environmental Costs of Freshwater Eutrophication in England and Wales [J]. Environmental Science & Technology，2003，37（2）：201-208.

[42] Dodds W K，et al. Eutrophication of US Freshwaters：Analysis of Potential Economic Damages [J]. Environmental Science & Technology，2009，43（1）：12-19.

[43] 胥卫平，曹子栋，胡健 . 西安市水污染人群健康损害评价 [J]. 西安电子科技大学学报（社会科学版），2004，14（2）：37.

[44] 王金南，於方，曹东 . 中国绿色国民经济核算研究报告 2004 [J]. 中国人口资源与环境，2006，16（6）：11-17.

[45] 汪然 . 上海市水环境污染的经济损失估算 [J]. 上海环境科学，2020，39（2）：60-65.

［46］刘叶叶，毛德华，杨家亮，等 . 湘江流域水质特征及水污染经济损失估算［J］. 中国环境科学，2019，39（4）：1471-1477.

［47］孙向军，柯琴 . 陕西渭河流域水污染经济损失估算［J］. 陕西水利，2019（1）：78-79，82.

［48］Pearce D W，Atkinson G. Capital theory and the measurement of sustainable development：an indicator of weak sustainability［J］. Ecological Economics，1993，8：103-108.

［49］Hamilton K，Clemens M. Genuine Savings Rates in Developing Countries［J］. The World Bank Economic Review，Vol. 13（2）：333-56.

［50］World Bank. DataBank：Adjusted Net Savings［EB/OL］. Updated on August 21st，2020. https：//databank.worldbank.org/reports.aspx?source=adjusted-net-savings.

［51］生态环境部环境规划院 . 绿色 GDP（GGDP/EDP）核算技术指南（试用）［R］. 北京，2020.

［52］Spash C L，Vatn A. Transferring Environmental Value Estimates：Issues and Alternatives［J］. Ecological Economics，2006：379-388.

［53］ONS. Accounting for the value of nature in the UK. A roadmap for the development of natural capital accounts within the UK Environmental Accounts［R］. The Office for National Statistics，Newport. December 2012. Available online：www.ons.gov.uk.

［54］Bateman I J，Harwood A R，Mace G M，et al. Bringing Ecosystem Services into Economic Decision-Making：Land Use in the United Kingdom［J］. Science，New Series，2013，341（6141）：45-50.

［55］Office for National Statistics，2019a. UK Natural Capital Accounts：2019［R］. Newport. October 2019. Available online：www.ons.gov.uk.

［56］Office for National Statistics，2019b. UK Natural Capital Accounts Methodology Guide：October 2019［R］. Newport. October 2019. Available online：www.ons.gov.uk.

［57］陈仲新，张新时 . 中国生态系统效益的价值［J］. 科学通报，2000（1）：17-22，113.

[58] 毕晓丽，葛剑平. 基于 IGBP 土地覆盖类型的中国陆地生态系统服务功能价值评估 [J]. 山地学报，2004（1）：48-53.

[59] 谢高地，张彩霞，张雷明，等. 基于单位面积价值当量因子的生态系统服务价值化方法改进 [J]. 自然资源学报，2015，30（8）：1243-1254.

[60] 谢高地，张彩霞，张昌顺，等. 中国生态系统服务的价值 [J]. 资源科学，2015，37（9）：1740-1746.

[61] 高敏雪. 扩展的自然资源核算：以自然资源资产负债表为重点 [J]. 统计研究，2016，33（1）：4-12.

[62] 胡文龙，史丹. 中国自然资源资产负债表框架体系研究：以 SEEA2012、SNA2008 和国家资产负债表为基础的一种思路 [J]. 中国人口资源与环境，2015，25（8）：1-9.

[63] 刘利. 自然资源资产负债核算的最新研究进展与方向 [J]. 统计与决策，2020，557（17）：46-50.

[64] 何利，等. 我国自然资源核算的实践进展与理论体系构建 [J]. 自然资源学报，2020，35（12）：2968-2079.

[65] 刘红梅，陈煜，王克强. 土地资源资产负债表编制研究——以上海市的报表编制为例 [J]. 会计之友，2020（17）：20-26.

[66] 胡耀升，于丽瑶，武健伟. 自然资源资产负债表核算系统构建——以森林资源为例 [J]. 林业资源管理，2020（3）：23-31.

[67] 徐素波，王耀东. 黑龙江省自然资源资产负债表试编 [J]. 财会通讯，2020（15）：117-121.

[68] 於方，王金南，曹东，等. 中国环境经济核算技术指南 [M]. 北京：中国环境科学出版社，2009.

[69] 环境保护部环境规划院. 中国绿色 GDP2.0 核算技术指南 [R]. 北京：环境保护部环境规划院，2015.

[70] U.S. Environmental Protection Agency. Air quality criteria for particulate matter [R]. Research Triangle Park，Washington，DC：U.S. Environmental Protection Agency，EPA/600/P-99/002aF-bF，2004.

[71] Samoli E，et al.Acute Effects of Ambient Particulate Matter on Mortality in Europe and North America：Results from the APHENA Study [J].

Environmental Health Perspectives，2008，116（11）：1480-1486.

［72］U.S. Environmental Protection Agency. Integrated Science Assessment（ISA）for Particulate Matter（Final Report，Dec 2009）［R］. Washington，DC：U.S. EP A，EPA/600/R-08/139F，2009.

［73］Weinmayr G，et al. Short-Term Effects of PM_{10} and NO_2 on Respiratory Health among Children with Asthma or Asthma-like Symptoms：A Systematic Review and Meta-Analysis［J］. Environmental Health Perspectives，2010，118（4）：449-457.

［74］Pope C A，et al. Vascular Function and Short-term Exposure to Fine Particulate Air Pollution［J］. Journal of the Air & Waste Management Association，2011，61：858-863.

［75］Nawahda A，et al. Evaluation of Premature Mortality Caused by Exposure to $PM_{2.5}$ and Ozone in East Asia：2000，2005，2020［J］. Water Air Soil Pollution，2012，223：3445-3459.

［76］Beelen R，et al. Long-Term Effects of Traffic-Related Air Pollution on Mortality in a Dutch Cohort（NLCS-AIR Study）［J］. Environmental Health Perspectives，2008，116（2）：196-202.

［77］Pope C A，et al. Lung Cancer，Cardiopulmonary Mortality and Long-term Exposure to Fine Particulate Air Pollution［J］. Journal of American Medical Association，287（9）：1132-1141.

［78］Krewski D，et al. Mortality and Long-term Exposure to Ambient Air Pollution：Ongoing Analysis Based on the American Cancer Society Cohort［J］. Journal of Toxicology and Environmental Health，Part A，2005，68：1093-1109.

［79］Aunan K，Pan X.C. Exposure-response Functions for Health Effects of Ambient Air Pollution Applicable for China—a meta-analysis［J］. Science of the Total Environment，2004，329：3-16.

［80］曹彩虹，韩立岩. 雾霾带来的社会健康成本估算［J］. 统计研究，2015，32（7）：19-23.

［81］穆泉，张世秋. 中国 2001—2013 年 $PM_{2.5}$ 重污染的历史变化与健康影响的经济损失评估［J］. 北京大学学报（自然科学版），2015，51（4）：694-706.

［82］高婷，等 . 基于支付意愿的大气 $PM_{2.5}$ 健康经济学损失评价［J］. 环境与健康杂志，2015，32（8）：697-700.

［83］赵晓丽，范春阳，王予希 . 基于修正人力资本法的北京市空气污染物健康损失评价［J］. 中国人口资源与环境，2014，24（3）：169-176.

［84］蔡春光 . 空气污染健康损失的条件价值评估与人力资本评估比较研究［J］. 环境与健康杂志，2009，26（11）：960-961.

［85］何静，陈锡康 . 水资源影子价格动态投入产出优化模型研究［J］. 系统工程理论与实践，2005（5）：49-54.

［86］安徽省人民政府 . 关于调整安徽省征地补偿标准的通知 . 皖政〔2015〕24 号，2015 年 2 月 .

［87］安徽省人民政府 . 关于印发安徽省主体功能区规划的通知 . 皖政〔2013〕82 号，2013 年 12 月 .

［88］安徽省人民政府 . 关于发布安徽省生态保护红线的通知 . 皖政秘〔2018〕120 号，2018 年 6 月 .

［89］安徽省统计局 . 安徽统计年鉴 2015［M］. 北京：中国统计出版社，2015.

［90］安徽省环境保护厅 . 2014 年安徽省生态环境公报［R］. 2015 年 5 月 .

［91］安徽省统计局 . 安徽统计年鉴 2020［M］. 中国统计出版社，2020 年 .

［92］安徽省生态环境厅 . 2019 年安徽省生态环境状况公报［R］. 2020 年 5 月 .

［93］陈娟，李巍，程红光，等 . 北京市大气污染减排潜力及居民健康效益评估［J］. 环境科学研究，2015，28（7）：1114-1121.

［94］黄德生，张世秋 . 京津冀地区控制 $PM_{2.5}$ 污染的健康效益评估［J］. 中国环境科学，2013，33（1）：166-174.

［95］戴海夏，安静宇，李莉，等 . 上海市实施清洁空气行动计划的健康收益分析［J］. 环境科学，2019，40（1）：24-32.

［96］李惠娟，李明全 . 江苏省控制空气污染健康效益评估［J］. 中国公共卫生，2018，34（12）：1631-1637.

［97］Burnett R T，et al. An integrated risk function for estimating the global burden of disease attributable to ambient fine particulate matter exposure［J］. Environmental Health Perspectives，2014，122（4）：397-403.

［98］Butt E W，et al. Global and regional trends in particulate air pollution and attributable health burden over the past 50 years［J］. Environmental Research Letters，2017，12（10）：104017.

［99］World Health Organization. Global Health Observatory（GHO）data：Mortality from ambient air pollution［R］. Geneva：World Health Organization，2016.

［100］Fang D，et al. Mortality effects assessment of ambient $PM_{2.5}$ pollution in the 74 leading cities of China［J］. Science of the Total Environment，2016，569-570：1545-1552.

［101］国家卫生和计划生育委员会 . 中国卫生和计划生育年鉴 2016［M］. 北京：中国协和医科大学出版社，2016.

［102］国家卫生健康委员会 . 中国卫生健康统计年鉴 2020［M］. 北京：中国协和医科大学出版社，2020.

［103］六安市统计局，六安市统计学会 . 六安统计年鉴 2019［R］. 六安：《六安统计年鉴》编辑部，2019.

［104］贾良清，欧阳志云，赵同谦，等 . 安徽省生态功能区划研究［J］. 生态学报，2005，25（2）：254-260.

［105］六安水文水资源局 . 2018 年六安市水资源公报［R］. 六安：六安市水利局，2019.

［106］国家气象科学数据中心，中国气象数据网 . 中国地面气候标准值月值数据集［DB/OL］.（2013-10-24）［2021-03-31］. http：//data.cma.cn/.

［107］中国科学院资源环境科学数据中心 . 中国土地利用遥感监测数据［DB/OL］.（2020-01-02）［2021-03-31］. http：//www.resdc.cn/.

［108］Zhang L，Dawes W R，Walker G R. Response of mean annual evapotranspiration to vegetation change at catchment scale［J］. Water Resources Research，2001，37：701-708.

［109］刘克岩，张橹，张光辉，等 . 人类活动对华北白洋淀流域径流影响的识别研究［J］. 水文，2007，27（6）：6-10.

［110］中华人民共和国审计署 . 长江三峡工程竣工财务决算草案审计结果［R］. 中华人民共和国审计署审计结果公告 2013 年第 23 号，2013 年 6 月 7 日 .

［111］施建平，宋歌 . 中国土种数据库——基于第二次土壤普查的全国性土壤数据集［J］. 中国科学数据（中英文网络版），2016（2）：1-12.

[112] 史学正，于东升，潘贤章，等 . 我国 1：100 万土壤数据库及其应用［C］// 中国土壤学会 . 中国土壤学会第十次全国会员代表大会暨第五届海峡两岸土壤肥料学术交流研讨会论文集（面向农业与环境的土壤科学综述篇）. 中国土壤学会：中国土壤学会，2004：4.

[113] 史学正，于东升，高鹏，等 . 中国土壤信息系统（SISChina）及其应用基础研究［J］. 土壤，2007（3）：329-333.

[114] U.S. Geological Survey，Earth Resources Observation and Science（EROS）Center. Pathfinder Data Set［DB/OL］.（2019-01-01）［2021-03-31］. https：//www.usgs.gov/centers/eros/.

[115] 吴昌广，李生，任华东，等 . USLE/RUSLE 模型中植被覆盖管理因子的遥感定量估算研究进展［J］. 应用生态学报，2012，23（6）：1728-1732.

[116] 冯强，赵文武 . USLE/RUSLE 中植被覆盖与管理因子研究进展［J］. 生态学报，2014，34（16）：4461-4472.

[117] 张科利，彭文英，杨红丽 . 中国土壤可蚀性值及其估算［J］. 土壤学报，2007，44（1）：7-13.

[118] 梁音，刘宪春，曹龙熹，等 . 中国水蚀区土壤可蚀性 K 值计算与宏观分布［J］. 中国水土保持，2013，10：35-40.

[119] 中华人民共和国水利部 . 水利建筑工程预算定额（上册）［M］. 郑州：黄河水利出版社，2002.

[120] 中华人民共和国住房和城乡建设部，国家质量监督检验检疫总局 . 建设工程工程量清单计价规范：GB 50500—2013［S］. 北京：中国计划出版社，2013.

[121] 安徽省人大常委会 . 关于批准《安徽省环境保护税应税大气污染物和水污染物适用税额标准的方案》的决议［R］. 2017 年 12 月 20 日 .

[122] 赵明松，李德成，张甘霖，等 . 1980—2010 年安徽省耕地表层土壤养分变化特征［J］. 土壤，2018，50（1）：173-180.

[123] 夏尚光，牛香，苏守香，等 . 安徽省森林生态连清与生态系统服务研究［M］. 北京：中国林业出版社，2016.

[124] Nowak D J，et al. Modeled $PM_{2.5}$ Removal by Trees in Ten U.S. Cities and Associated Health Effects［J］. Environmental Pollution，2013，178：395-402.

［125］中国碳排放交易网．易碳投资指数［DB/OL］．（2013-06-17）［2021-03-31］．http：//zhishu.tanjiaoyi.com/.

［126］中国供应商网．医用氧气价格［DB/OL］．（2015-12-31）［2021-03-31］．https：//cn.china.cn/.

［127］杨喆，吴健．中国自然保护区的保护成本及其区域分布［J］．自然资源学报，2019，34（4）：839-852.

［128］六安市统计局，六安市统计学会．六安统计年鉴 2016［R］．六安：《六安统计年鉴》编辑部，2016.

［129］六安水文水资源局．2015 年六安市水资源公报［R］．六安：六安市水利局，2016.

［130］徐文娟．深入推进皖西大别山革命老区振兴发展［N］．安徽日报，2021-05-25.

［131］新华社．中共中央办公厅、国务院办公厅印发《关于建立健全生态产品价值实现机制的意见》［N］．北京：新华社，2021 年 4 月 26 日．http：//www.xinhuanet.com/2021-04/26/c_1127378716.htm.

［132］程传军．六安市农业特色主导产业集群强势崛起［N］．六安新闻网，2020 年 6 月 11 日．http：//la.anhuinews.com/system/2020/06/11/008447504.shtml.